U0381888

甘肃省高等学校省级线下一流课程"战略管理"（SJYLLC2022408）、西北师范大学2022年度研究生一流课程（"战略管理"）建设项目（2022ALLX012）

The Research of the Relationship among Managerial Interpretations, Regulatory Focus and Firms Environmental Strategy Choice

管理者解释、调节聚焦与企业环境战略选择

和苏超 著

中国社会科学出版社

图书在版编目（CIP）数据

管理者解释、调节聚焦与企业环境战略选择／和苏超著．—北京：
中国社会科学出版社，2023.4
ISBN 978 – 7 – 5227 – 1625 – 1

Ⅰ.①管… Ⅱ.①和… Ⅲ.①企业环境管理—研究—中国 Ⅳ.①X322.2

中国国家版本馆 CIP 数据核字（2023）第 047973 号

出 版 人	赵剑英	
责任编辑	马　明	
责任校对	钟小杰	
责任印制	王　超	

出　　版	中国社会科学出版社	
社　　址	北京鼓楼西大街甲 158 号	
邮　　编	100720	
网　　址	http://www.csspw.cn	
发 行 部	010 – 84083685	
门 市 部	010 – 84029450	
经　　销	新华书店及其他书店	

印　　刷	北京明恒达印务有限公司	
装　　订	廊坊市广阳区广增装订厂	
版　　次	2023 年 4 月第 1 版	
印　　次	2023 年 4 月第 1 次印刷	

开　　本	710×1000　1/16	
印　　张	13.5	
字　　数	215 千字	
定　　价	69.00 元	

前　　言

　　改革开放以来，我国经济得到快速发展，甚至创造了"中国式奇迹"。然而，伴随经济中高速增长，企业生产活动急剧增加，环境污染不断加重，资源消耗和污染排放的速度远远超过环境的承载能力，资源和环境问题成为制约我国现阶段可持续发展的主要因素。面对环境污染和资源问题，政府环境规制不断加强，公众、环保组织等利益相关者亦加强了对环境的关注和监督，环境保护逐步成为国家、环保组织、公众等的共识，环境保护的紧迫性日益凸显。然而，环境问题并没有得到根本性治理，其中重要原因在于重污染企业的生产经营活动没有得到有效控制，甚至一些企业为了获得经济利润，不惜以破坏环境为代价。企业的发展虽促进了我国经济的腾飞，但也是环境问题的主要制造者，有责任成为改善自然环境的重要力量，应在"绿色发展"浪潮中发挥更突出的作用。

　　环境污染日益严重，环境战略成为企业的必然选择。环境战略是企业对于管理自然环境问题的总体规划，旨在管理商业与自然环境的关系，以便促进企业适应环境规制，进一步采取自愿的、积极的保护自然环境的措施。管理者对自然环境问题的解释、企业规模、所处行业等方面的差异可能导致企业采取不同的环境战略措施，当企业认为自然环境问题并非企业优先考虑的战略问题，仅从遵守、服从的角度对相关法律法规、行业要求做出反应，采用末端治理的方式、被动应对自然环境问题时，该类企业可能采取反应型环境战略；而采取前瞻型环境战略的企业超越政府的规制要求，积极、自愿、主动地应对面临的自然环境问题，采取创新的技术、完善的流程、可替代的原料等手段，从源头对环境问题进行预防和治理。

虽然环境战略理念得到了社会各界的认可，但一方面，环境战略是怎样形成的？什么因素影响企业采取不同的环境战略？为什么有的企业采取积极、主动的环境战略，而有的企业却被动地对环保要求作出回应？另一方面，虽然部分学者探讨了管理者解释与环境战略的关系，但对于环境战略产生的微观基础、认知（解释）如何对环境战略的建构产生影响及认知（解释）与行动二者间相互作用对环境战略影响的研究仍很欠缺，且并没有对管理者解释与环境战略的作用机制进行研究，无法清晰阐述管理者解释通过怎样的途径对环境战略产生影响。

为此，本书确定了"管理者解释与企业环境战略选择关系"的研究主题。在研究过程中，以调节聚焦理论为基础，构建了管理者解释、管理者调节聚焦与企业环境战略选择关系的概念模型，并采用调查问卷的方式，对四川省、甘肃省、河北省等地重污染行业企业进行了数据收集。利用 SPSS 20.0 统计分析软件对收集的 309 家重污染行业企业数据进行了实证检验，回答了"不同类型的管理者自然环境问题解释是否能够对企业环境战略选择产生影响，产生怎样的影响？""不同类型的管理者自然环境问题解释是否能够对管理者调节聚焦产生影响，将产生怎样的影响？""不同类型的管理者自然环境问题解释通过何种途径对企业环境战略选择产生影响？""不同组织结构情境下，管理者调节聚焦与企业环境战略选择的关系有着怎样的变化？"等问题，得到一些有益的研究结论。

首先，管理者解释、管理者调节聚焦是企业环境战略的重要影响因素。在研究中，将管理者解释分为机会解释和威胁解释两个独立的维度，将管理者调节聚焦分为促进聚焦和防御聚焦两个维度，将环境战略分为前瞻型环境战略和反应型环境战略两个维度，并分别分析了管理者解释、管理者调节聚焦以及企业环境战略各维度之间的关系。研究发现，当管理者将面临的自然环境问题解释为企业机会时，更可能采取前瞻型环境战略；当管理者将面临的自然环境问题解释为企业威胁时，更可能采取反应型环境战略。当管理者表现为更多促进聚焦特征时，能够促进企业前瞻型环境战略的实施；而防御聚焦的管理者更可能采用反应型环境战略。

其次，管理者调节聚焦在管理者解释与企业环境战略选择中起到中介作用。具体而言，管理者促进聚焦在管理者机会解释与企业前瞻型环境战略中起到部分中介作用，管理者防御聚焦在管理者威胁解释与企业反应型环境战略中起到完全中介作用，阐明了管理者解释对企业环境战略选择的影响机制。

再次，组织结构对管理者调节聚焦与企业环境战略选择各维度间关系存在显著的调节作用。具体而言，与机械式组织结构相比，在有机式组织结构中，管理者促进聚焦的程度越高越可能采取前瞻型环境战略；与有机式组织结构相比，在机械式组织结构中，高防御聚焦的管理者更倾向于选择反应型环境战略。

此外，验证了组织结构对管理者调节聚焦中介作用的调节效应。具体而言，组织结构调节了管理者促进聚焦对管理者机会解释与企业前瞻型环境战略关系的中介作用；组织结构调节了管理者防御聚焦对管理者威胁解释与企业反应型环境战略关系的中介作用。

文章的研究结论深化了管理者解释与企业环境战略选择关系的理解，扩展了管理者调节聚焦及企业环境战略选择关系的边界条件，使得本研究具备一定的创新性，具体体现在以下四个方面。

第一，拓展了环境战略的研究视角。通过对环境战略文献的阅读、梳理和归纳，发现以往关于环境战略的研究主要从利益相关者理论、制度理论、资源基础观、自然资源基础观以及高阶理论等某一理论或几个理论相结合的视角展开分析、探讨，本书试图以调节聚焦理论为基础，从管理者这一微观主体对自然环境问题的解释出发，探讨管理者解释与企业环境战略选择的关系及其作用机制。从调节聚焦理论这一角度展开对企业环境战略选择的研究，从新的理论角度进一步扩展了环境战略的研究视角。

第二，扩充了调节聚焦理论在战略管理领域的应用。以往学者对于个体调节聚焦的实证研究主要局限于对员工态度和行为的探索，仅有Gamache等（2015）部分学者检验了 CEO 的调节聚焦对企业层面的战略结果的影响，且 Gamache 等（2015）倡导"探讨 CEO 调节聚焦与其他战略结果变量的关系"。为此，本书利用调节聚焦理论探讨了管理者解释与企业环境战略选择的关系，提升了环境战略选择在调节聚焦理论应用的解释力和适用性，扩展了调节聚焦理论在战略结果变量方面的研究。

第三，丰富了环境战略的研究情境。现有关于环境战略的相关研究以欧美等发达国家为主，国内关于环境战略的研究仍处于起步阶段，无论是研究内容、研究视角，还是研究的理论和实践意义都有待进一步丰富和完善。为此，本研究在借鉴国外研究的基础上，结合我国企业环境管理的实际情况，以309家重污染企业为研究对象，实证检验了我国企业环境战略的实施情况，促进了环境战略研究在我国的进一步发展，为我国企业的环境管理实践活动提供了指导和借鉴。

第四，提出了不同组织结构情景下的管理者调节聚焦与企业环境战略选择关系的差异。在深入探讨管理者解释、管理者调节聚焦及企业环境战略选择关系的基础上，进一步分析了不同组织结构情景下，企业环境战略选择的差异，解释了为什么相同或相似的管理者特征可能导致企业环境战略选择的差异，丰富了环境战略的情景条件。

目　　录

第一章

绪　论

第一节　研究背景

一　现实背景

改革开放以来，我国经济得到快速发展，甚至创造了"中国式奇迹"。然而，伴随经济中高速增长，生产活动急剧增加，资源消耗和污染排放的速度远远超过环境的承载能力，环境污染不断加重，资源和环境问题成为制约我国新阶段可持续发展的主要因素[①]。以我国的大气污染为例，根据环保部发布的《2015 年中国环境状况公报》显示，2015 年，在全国 338 个地级及以上城市中，仅有 21.6% 的城市环境空气质量达标，约 73 个城市；78.4% 的城市环境空气质量超标，即 265 个城市的空气质量难以达到标准要求；平均达标天数比例为 76.7%，平均超标天数比例为 23.3%，其中，在京津冀地区 13 个地级以上城市中，平均达标天数仅为 52.4%，平均超标天数比例高达 47.6%，远高于全国平均水平，其中轻度污染天数比例 27.1%、中度污染天数比例为 10.5%、重度污染天数比例为 6.8%、严重污染天数比例为 3.2%。此外，耶鲁大学和哥伦比亚大学公布的《2016 年环境绩效指数报告》（*Environmental Performance Index: 2016 Report*）采用 9 个环境指标对 180 个国家和地区的环境绩效状况进行了分析、排名，中国仅以 65.1 分位居 109 位；亚洲开发银行（ADB）、中华人民共和国环境保护部等部门历时两年研究，对我国环境问题进行了总结，报告《迈向环境可持续的未来：中华人民共和国国家

[①]　王梦奎：《新阶段的可持续发展》，《管理世界》2007 年第 5 期，第 1—6 页。

环境分析》显示，中国 500 个大型城市中，只有不到 1% 达到了世界卫生组织的空气质量标准。严重的大气污染、臭氧层的破坏、资源的浪费等环境问题一次又一次为人类的生存敲响了警钟。

随着污染的加重，环境保护逐步成为国家、环保组织、公众等的共识，环境保护的紧迫性日益凸显，然而，环境问题并没有得到根本性治理。究其原因，一方面，政府的环境规制方式失效。环境法律法规被企业的生产和税收牵制①，地区的经济增长与污染物的排放密切相关，环境污染成为经济发展的阶段性问题②；另一方面，环境问题的加重与重污染企业的生产经营活动密切相关，甚至一些企业为了获得经济利润，不惜以破坏环境为代价，对环境造成了严重污染和破坏。河北钢铁空气污染、中石油长庆油田分公司水污染等企业环境污染事件层出不穷，威胁人类生存环境。

"新常态"下企业原有粗放式发展模式受到资源和环境的双重压力，政府环境规制不断加强、公众要求企业承担社会责任、媒体监督进一步强化，面对众多利益相关者的呼吁和压力，转变发展方式，"绿色发展"成为中国企业的迫切需求。

实现绿色发展需要多方的共同努力，需要国家强制力量保证环境保护行为的推行。2013 年召开的中共十八届三中全会，将生态文明建设提升至与经济建设、政治建设、文化建设、社会建设同等战略高度，"五位一体"更加强调科学发展、可持续发展；2014 年修订的《中华人民共和国环境保护法》被称为"史上最严厉的环保法"，为保护和改善环境，减少污染，推进生态文明建设提供了保障；2015 年国务院印发的《中国制造 2025》提出中国制造业坚持"创新驱动、质量为先、绿色发展、结构优化和人才为本"的基本方针，要求到 2025 年，制造业绿色发展和主要产品单耗达到世界先进水平，基本建立绿色制造体系；2015 年 8 月 29 日修订通过、2016 年 1 月 1 日起实施的《中华人民共和国大气污染防治法》

---

① Fifka, M. S., Berg, N., "Managing Corporate Social Responsibility for the Sake of Business and Society", *Corporate Social Responsibility and Environmental Management*, Vol. 21, No. 5, 2014, pp. 253 – 257.

② Grossman, G. M., Krueger, A. B., "Environmental Impacts of a North American Free Trade Agreement", *Social Science Electronic Publishing*, Vol. 8, No. 2, 1992, pp. 223 – 250.

对于大气污染防治的监督管理、防治标准、防治措施、重点区域的联合防治、重污染天气的应对及其法律责任进行了明确的规定，使大气污染防治行为有法可依。

绿色发展、绿色转型离不开企业的参与，企业的发展促进了我国经济的腾飞，但也是环境问题的主要制造者，是改善自然环境的重要力量，应在"绿色发展"浪潮中发挥更突出的作用。一方面，企业在生产过程中对自然环境造成了很大影响，尤其是中小企业由于技术、设备等因素导致其对环境的破坏更大，根据《中国中小企业年鉴2014》显示，2013年全国共有规模以上中小工业企业34.3万家，占规模以上工业企业的97.3%，为此，企业有责任加强对环境的保护；另一方面，企业有能力成为保护环境的重要力量。虽然中小企业资源和能力有限，但其具有共同愿景、利益相关者管理、战略前瞻性等特定能力①，且管理者的收益态度、对环境绩效的感知主观规范和压力以及感知利益相关者压力等②能够对企业相关环境管理实践产生重要影响，促使企业形成较为完善的环境管理方案，实施前瞻型环境战略。

此外，日益严重的环境问题推动了环境运动的兴起，环保宣传和环境理念不断扩散，深入人心，越来越多的企业管理者认识到企业生产运营活动对自然环境的影响③，企业的环境保护行动日益增多，开始将环境问题考虑到企业的生产经营当中，寻找新的盈利点④，并将企业的环境保护提升到企业发展的战略高度，通过更新设备、过程创新、清洁生产等方式保护环境，环境战略逐步成为时代要求和企业获取竞争优势的必然

---

① Aragón-Correa, J. A., Hurtado-Torres, N., Sharma, S., Garcia-Morales, V. J., "Environmental Strategy and Performance in Small Firms: A Resource-based Perspective", *Journal of Environmental Management*, Vol. 86, No. 1, 2008, pp. 88 – 103.

② Cordano, M., Marshall, R. S., Silverman, M., "How do Small and Medium Enterprises Go 'Green'? A Study of Environmental Management Programs in the U. S. Wine Industry", *Journal of Business Ethics*, Vol. 92, No. 3, 2010, pp. 463 – 478.

③ Starik, M., Marcus, A. A., "Introduction to the Special Research Forum on the Management of Organizations in the Natural Environment: A Field Emerging from Multiple Paths, with Many Challenges Ahead", *Academy of Management Journal*, Vol. 43, No. 4, 2000, pp. 539 – 546.

④ Schot, J., Fischer, K., "Introduction: The Greening of Industrial Firm", *Environmental Strategies for Industry*, Washington: D. C., 1993, pp. 3 – 33.

选择，成为企业新的战略方向。

二 理论背景

环境污染日益严重，环境战略成为企业的必然选择。环境战略是一种随着时间变化的行动模式，旨在管理商业和自然环境关系的界面，即公司采取的遵守规制以及进一步自愿地、主动地减少操作中对自然环境影响的行动模式①。管理者对自然环境问题的解释、企业规模、所处行业等方面的差异可能导致企业采取不同的环境战略形式，当企业认为自然环境问题并非企业优先考虑的战略问题，仅从遵守、服从的角度对相关法律法规、行业要求做出反应，采用末端治理的方式、被动应对自然环境问题时，该类企业可能采取反应型环境战略；而采取前瞻型环境战略的企业超越政府的规制要求，积极、自愿、主动地应对面临的自然环境问题，采取创新的技术、完善的流程、可替代的原料等手段，从源头对环境问题进行预防和治理②。虽然环境战略理念得到了社会各界的认可，但对于环境战略是怎样形成的？什么因素导致企业采取不同的环境战略？为什么有的企业采取积极、主动的环境战略，而有的企业却被动地对环保要求作出回应？这些问题仍值得更进一步研究。

管理者是企业发展壮大的重要因素，是企业战略制定和实施的关键，作为环境管理的微观主体，他们对于环境问题的认知（解释）能够影响企业的环境行为。曹瑄玮等认为环境战略产生的微观基础、认知如何对环境战略的建构产生影响及认知与行动二者间相互作用对环境战略影响的研究仍很欠缺③；Gavetti 亦倡导从认知和行动等微观基础视角加深对企

---

① Sharma, S., "Managerial Interpretations and Organizational Context as Predictors of Corporate Choice of Environmental Strategy", *Academy of Management Journal*, Vol. 43, No. 4, 2000, pp. 681 – 697.

② Christmann, P., "Effects of 'Best Practices' of Environmental Management on Cost Advantage: The Role of Complementary Assets", *Academy of Management Journal*, Vol. 43, No. 4, 2000, pp. 663 – 680.

③ 曹瑄玮、相里六续、刘鹏：《基于认知和行动观点的动态环境战略研究：前沿态势与未来展望》，《管理学家》（学术版）2011 年第 6 期，第 18—30 页。

业环境问题的研究①。组织管理者的认知力量对组织战略行动有重要影响，根据组织结构化理论，组织的战略行动嵌入组织行动者的认知基础上，组织者认知与行动互相依赖、互相影响；企业家的个人特征以及认知情景决定了其行为倾向。为此，探讨管理者环境认知对于企业环境战略行动的影响存在重要意义。管理者解释作为管理者认知的一方面，部分学者从管理者解释角度展开了环境管理的研究，Sharma②、和苏超等③虽探讨了管理者解释与环境战略的关系，但并没有对管理者解释与环境战略的作用机制进行研究，无法清晰阐述管理者解释通过怎样的途径对环境战略产生影响。此外，通过对环境战略研究文献的梳理和总结发现，以往学者主要从利益相关者理论、制度理论、资源基础观、自然资源基础观、高阶理论等某一理论或几个理论相结合的视角展开研究，但对于管理者怎样看待公司的目标及为什么为实现这些目标而采取特定动机和战略倾向，不同管理者为何选择差异性的环境战略，怎样评估公司的环境战略选择及选择什么样的行动追求选择的环境战略等问题难以有效解决。而调节聚焦作为管理者的一种心理属性，能够区分为何不同聚焦的个体有着不同的策略偏好和战略决策行动，能够补充以往研究的不足。因此，本文试图从调节聚焦理论这一新视角进行环境战略相关问题的探讨。

在我国，环境问题日益凸显，严重影响人们的生存状态，企业有责任亦有能力在环境保护中发挥重要作用，管理者则在企业的环境管理过程中占据至关重要地位，有必要进一步探讨管理者对自然环境问题的解释与企业环境战略选择的关系。具体而言，管理者对自然环境问题的不同解释（机会解释和威胁解释）如何影响企业的环境战略选择？分别是通过怎样的途径对环境战略选择产生影响？在不同的组织结构中，这种

① Gavetti, G., "Cognition and Hierarchy: Rethinking the Microfoundations of Capabilities' Development", *Organization Science*, Vol. 16, No. 6, 2005, pp. 599 – 617.

② Sharma, S., "Managerial Interpretations and Organizational Context as Predictors of Corporate Choice of Environmental Strategy", *Academy of Management Journal*, Vol. 43, No. 4, 2000, pp. 681 – 697.

③ 和苏超、黄旭、陈青：《管理者环境认知能够提升企业绩效吗？——前瞻型环境战略的中介作用与商业环境不确定性的调节作用》，《南开管理评论》2016年第19卷第6期，第49—57页。

关系呈现怎样的变化趋势？为此，本书以调节聚焦理论为基础，探讨了管理者机会解释和威胁解释与前瞻型环境战略和反应型环境战略的关系，并检验了管理者促进聚焦和管理者防御聚焦的中介作用以及组织结构的调节作用。

第二节　研究意义

一　现实意义

环境战略的探索和研究为企业的绿色发展、可持续发展指明了战略方向，使转变生产方式，优化结构，实施前瞻型环境战略成为企业生产经营的必然选择。前瞻型环境战略是企业自愿采取的、超越一般环境规制要求和行业标准的、积极的环境保护策略，不仅能够帮助企业树立环境保护形象，确立绿色标签，更能够防治污染，降低资源浪费，促进产品创新，减少成本，实现企业利润的增长。此外，企业是环境问题的主要制造者，有责任和能力为绿色发展、可持续发展做出贡献，选择前瞻型环境战略，减少对环境的负面影响。

管理者对自然环境问题的认知和解释影响企业环境战略选择，管理者尤其是高层管理者是企业环境管理的微观主体，在企业环境战略选择中起到决定性作用，其对于自然环境问题的不同解释促使企业选择不同类型的环境战略。探讨管理者自然环境问题的解释方式对环境战略类型的影响及其作用机制，将管理者解释与环境战略选择进行匹配，便于企业根据自身的实际情况对自然环境问题进行管理者解释，帮助企业选择合适的管理者和环境战略类型。对于企业实现怎样发展、选择怎样的战略以及需要什么样的管理者具有重大借鉴意义。

二　理论意义

通过对环境战略研究相关文献的梳理、归纳和总结，发现以往关于环境战略的研究主要从利益相关者理论、制度理论、资源基础观、自然资源基础观以及高阶理论等某一理论或几个理论相结合的视角展开分析、探讨，本书试图从调节聚焦理论角度探讨管理者解释与企业环境战略选择的关系，并分析管理者调节聚焦的中介作用和组织结构的调节作用，一定程度上丰富了环境战略研究的理论视角。

　　本研究回应了曹瑄玮等倡导的从微观基础层面、认知如何影响环境战略建构以及认知与行动相互作用如何影响环境战略展开分析研究，响应了 Gavetti 提出的从微观视角加深对企业环境问题研究的提议，并对 Gamache 等倡导的"探讨 CEO 调节聚焦与其他战略结果变量的关系"[①]进行了回应。为此，本书从管理者个体层面探讨了管理者解释与企业环境战略选择间的关系，揭示了管理者解释与企业环境战略选择关系的作用机制；从调节匹配的角度分别探讨了管理者机会解释、管理者促进聚焦和前瞻型环境战略的关系，以及管理者威胁解释、管理者防御聚焦和反应型环境战略的关系，说明了管理者解释类型与调节聚焦类型的对应关系，及其分别与怎样的环境战略相适应，解释了为什么不同的管理者可能选择不同的环境战略；此外，探讨了组织结构在管理者调节聚焦与企业环境战略选择中的情景作用。

第三节　研究方案

一　研究方法

　　本研究将规范研究和实证研究相结合，综合运用定性分析与定量分析，通过对管理者解释、环境战略选择、管理者调节聚焦及组织结构等变量的相关研究文献的梳理，结合我国企业环境管理的实践，提出研究模型和研究假设，并进行了验证，在研究过程中主要运用到以下三种方法。

　　（一）文献研究法

　　文献研究法是对关于某个问题或研究主题的资料收集和资源分析的方法，通过对文献的研究和梳理能够帮助我们明晰"以往研究做了什么，还有哪些值得研究"和"我们依据什么从新的视角展开研究"。为准确认知研究主体，探讨管理者解释、环境战略选择、管理者调节聚焦及组织

---

　　① Gamache, D. L., Mcnamara, G., Mannora, M. J., Johnson, R. E., "Motivated to Acquire? The Impact of CEO Regulatory Focus on Firm Acquisitions", *Academy of Management Journal*, Vol. 58, No. 4, 2015, pp. 1261 – 1282.

结构等变量间的关系，对涉及研究主题的大量文献进行了收集、阅读和整理，从利益相关者理论、制度理论、资源基础观、自然资源基础观和高阶理论等角度对涉及环境战略的理论基础进行了归类和总结；对环境战略的内涵、类别、研究视角进行了归纳，并对管理者解释、管理者调节聚焦及组织结构与环境战略的关系进行了梳理，确定了探讨管理者解释对企业环境战略选择的影响这一主题。

（二）访谈法

一方面，依据导师的自然科学基金项目和 2016 年 4 月举行的"环境战略管理研讨会"，对本书的框架进行了初步探讨，确立了研究思路，并在 2016 年 6 月浙江大学举办的"博士生论坛"对本书框架进行了进一步完善；另一方面，在研究过程中共对 6 家重污染行业企业（四川省 1 家国有机械制造业企业、1 家民营有机硅上市企业、1 家民营医药行业上市企业，浙江省 1 家民营汽车行业上市企业，甘肃省 1 家国有有色金属行业企业、1 家民营制造业企业）的中高层管理者或环境事务负责人进行了深度访谈，确定了本书的研究主题和研究框架、完善了研究的调查问卷。通过学术会议和深度访谈，试图从理论和实践结合方面研究管理者解释、环境战略选择、管理者调节聚焦间的关系，以及组织结构的情景作用。

（三）实证研究法

本书采用问卷调查的方法对研究数据进行收集，在调查问卷设计之初，参考国外成熟量表，设计研究所需初始问卷，并结合访谈实际对问卷进行了修正和完善，而后经过小样本测试、正式问卷数据的收集和信度检验、效度检验等，确保了调查问卷的科学性和严谨性；利用 SPSS 20.0 统计分析软件开展了探索性因子分析、信度分析、多元回归分析，利用 AMOS 20.0 开展了验证性因子分析，对本书的假设进行了验证。

二 技术路线

通过对以往文献的梳理和总结，以调节聚焦理论为研究的理论基础，围绕环境战略这一研究主题，探讨了管理者解释、调节聚焦及环境战略的关系以及组织结构的情景作用。具体技术路线如图 1.1 所示。

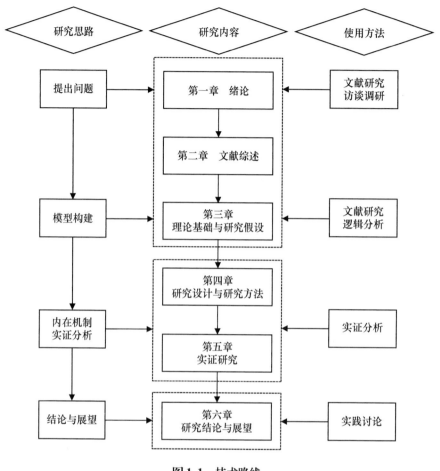

图1.1　技术路线

三　研究内容

遵循技术路线和研究的逻辑结构，本书用六个章节展开研究，具体安排如下。

第一章，绪论。首先，阐述了研究的现实背景和理论背景，确定了研究的现实意义和理论意义；其次，交代了研究中所运用到的研究方法，介绍了研究的技术路线和内容安排；最后，提出了研究可能的创新点。

第二章，文献综述。本章主要对环境战略、管理者解释和组织结构的相关文献进行了梳理和回顾。首先，对环境战略的内涵、类型和研究视角进行了梳理和阐述；其次，从理论基础、内涵与分类、影响因素以及与环境管理研究相关的文献等方面对管理者解释进行了梳理；再次，从组织结构的内涵、形式和研究现状等方面展开了说明；最后，对现有文献研究的情况进行了小结和分析。

第三章，理论基础与研究假设。首先，从概念界定、类型、影响因素、结果变量等方面对调节聚焦理论进行了较为全面的梳理；其次，以调节聚焦理论为基础，提出了本书的研究假设，包括管理者解释与企业环境战略选择的关系、调节聚焦在管理者解释与企业环境战略选择中的中介作用及组织结构的调节作用；最后，总结归纳出本书的概念模型，并对研究假设进行了汇总。

第四章，研究设计与研究方法。在对研究内容进行梳理的基础上，结合研究实际，该部分阐述了研究设计和研究方法，主要包括研究设计、变量的测量、问卷小样本测试等。其中，变量的测量主要根据国内外成熟量表和访谈的实际情况确定，并对问卷进行了信度和效度分析，便于问卷的大规模发放。

第五章，实证研究。利用 SPSS 20.0 统计分析软件对本书提出的研究假设进行了验证，包括样本的调研情况、样本的描述性分析、信度和效度检验、相关性分析、层次回归分析，对研究假设进行了验证和分析，对实证结果进行了汇总。

第六章，研究结论与展望。通过对实证结果的整理和对研究结论的分析，阐述了本书可能的理论贡献，提出了我国企业环境战略实践的建议，并指出了本书的研究局限和未来的研究方向。

第四节 创新点

一 拓展了环境战略的研究视角

通过对环境战略文献的阅读、梳理和归纳，发现以往关于环境战略的研究主要从利益相关者理论、制度理论、资源基础观、自然资源基础观以及高阶理论等某一理论或几个理论相结合的视角展开分析、探讨，本书试图以调节聚焦理论为基础，从管理者这一微观主体对自然环境问题的认知出发，探讨管理者解释与企业环境战略选择的关系及其作用机制，并阐述了组织结构的调节作用，进一步扩展了企业环境战略选择研究的理论视角。

二 扩充了调节聚焦理论在战略管理领域的应用

以往学者对于调节聚焦的实证研究主要局限于对员工态度和行为的探索[1][2]，仅有 Gamache 等（2015）学者检验了 CEO 的调节聚焦对企业层面的战略结果的影响，且 Gamache 等（2015）倡导"探讨 CEO 调节聚焦与其他战略结果变量的关系"。为此，本书从调节聚焦这一新的理论视角对企业的环境战略选择展开研究和探讨，提升了环境战略选择的解释力和适用性，扩展了调节聚焦理论在战略结果变量方面的研究。

三 丰富了环境战略的研究情境

随着我国经济的中高速发展，环境问题日益严重，企业有责任和能力在"绿色浪潮"中做出贡献，实施前瞻型环境战略。现有关于环境战略的相关研究以欧美等发达国家为主，国内关于环境战略的研究仍处于起步阶段，无论是研究内容、研究视角还是研究的实践意义都有待进一步丰富和完善。为此，本书在借鉴国外研究的基础上，结合我国企业环境管理的实际情况，以 309 家重污染企业为研究对象，实证检验了我国企业环境战略的选择、实施情况，促进了环境战略研究在我国的进一步发展，为企业的环境管理实践活动提供了指导和借鉴。

四 提出了不同组织结构情景下的企业环境战略选择差异

在深入探讨管理者解释、管理者调节聚焦及企业环境战略选择关系的基础上，进一步分析了不同组织结构情景下，企业环境战略选择的差异，解释了为什么相同或相似的管理者特征（管理者调节聚焦类型）可能导致的企业环境战略的差异，丰富了环境战略的情景条件，为企业环境管理实践提供了新的思路。

---

① Johnson, R. E., Chang, C. -H., Yang, L., "Commitment and Motivation at Work: The Relevance of Employee Identity and Regulatory Focus", *Academy of Management Review*, Vol. 35, No. 2, 2010, pp. 226 – 245.

② Wallace, J. C., Chen, G., "A Multilevel Integration of Personality, Climate, Self-regulation, and Performance", *Personnel Psychology*, Vol. 59, No. 3, 2006, pp. 529 – 557.

第 二 章

文献综述

第一节　环境战略相关研究

一　环境战略内涵

自然环境的不断恶化，对企业和人类生存产生了巨大影响，越来越多的学者观察到自然资源和生态环境对于企业获取可持续竞争优势的重要作用。资源基础观（Resource Based View，RBV）认为有价值的、稀缺的、不可替代的和难以模仿的资源和能力是企业获得持续竞争优势的关键[①]，但 Hart 发现资源基础观忽略了自然环境对于企业发展产生的约束[②]，可能导致企业获取的竞争优势缺乏持久性；且遗漏对自然环境的考量将不利于企业更好地处理与自然环境的关系，可能使企业的生产经营活动受制于自然环境和生态环境，影响企业的生产和发展。为此，应将自然环境问题纳入企业的整体发展战略和企业战略管理行为中，采取环境战略势在必行。

对于企业环境战略的界定，学术界并没有形成统一的认识，Sharma认为公司环境战略是一种随着时间变化的行动模式，旨在管理商业和自然环境关系的界面，即公司采取的遵守规制以及进一步自愿主动地减少

---

①　Barney, J., "Firm Resources and Sustained Competitive Advantage", *Journal of Management*, Vol. 17, No. 1, 1991, pp. 99 – 120.

②　Hart, S. L., "A Natural-resource-based View of the Firm", *Academy of Management Review*, Vol. 20, No. 4, 1995, pp. 986 – 1014.

操作中对自然环境影响的行动模式①；Christmann 认为，环境战略是企业旨在降低对自然环境的负面影响，为解决自然环境问题而形成的企业战略②；Clemens 等认为，公司环境战略是有关环境决策的一种模式，是对环境的尊重，能够从简单地减少能源成本和环境足迹发展为其他公司在环境方面的榜样和模板③。

国内学者虽然对环境战略存在不同的称谓，如绿色管理战略、环境保护战略等，但实质都在于管理企业与自然环境的关系。学者秦颖、武春友和孔令玉认为，环境战略是指一个企业解决环境问题的总体规划④；胡美琴和李元旭认为，绿色管理战略是指企业处理经营活动和自然环境相互关系时的行为模式，是企业对于生态环境问题的战略性导向及如何将生态问题作为企业战略性工具⑤；闫娜和罗东坤认为，环境战略是指一个企业解决面临的自然环境问题的总体规划⑥；王俊豪和李云雁认为，环境战略是企业为适应并（或）改变环境管制所作出的反应⑦；杨德锋和杨建华认为，环境战略是企业旨在减弱对自然环境的负面影响，围绕自然环境问题而形成的企业战略⑧；曹瑄玮、相里六续和刘鹏将环境战略理解为，为追求企业持续竞争优势，企业管理者对企业经营过程中与环境相

① Sharma, S., "Managerial Interpretations and Organizational Context as Predictors of Corporate Choice of Environmental Strategy", *Academy of Management Journal*, Vol. 43, No. 4, 2000, pp. 681 – 697.

② Christmann, P., "Effects of 'Best Practices' of Environmental Management on Cost Advantage: The Role of Complementary Assets", *Academy of Management Journal*, Vol. 43, No. 4, 2000, pp. 663 – 680.

③ Clemens, B., Bakstran, L., "A Framework of Theoretical Lenses and Strategic Purposes to Describe Relationships Among Firm Environmental Strategy, Financial Performance and Environmental Performance", *Management Research Review*, Vol. 33, No. 4, 2010, pp. 393 – 405.

④ 秦颖、武春友、孔令玉：《企业环境战略理论产生与发展的脉络研究》，《中国软科学》2004 年第 11 期，第 105—109 页。

⑤ 胡美琴、李元旭：《西方企业绿色管理研究述评及启示》，《管理评论》2007 年第 19 卷第 12 期，第 41—48 页。

⑥ 闫娜、罗东坤：《从壳牌公司的环境关注看企业环境战略的制约因素》，《企业经济》2009 年第 4 期，第 63—66 页。

⑦ 王俊豪、李云雁：《民营企业应对环境管制的战略导向与创新行为——基于浙江纺织行业调查的实证分析》，《中国工业经济》2009 年第 9 期，第 16—26 页。

⑧ 杨德锋、杨建华：《企业环境战略研究前沿探析》，《外国经济与管理》2009 年第 31 卷第 9 期，第 29—37 页。

关问题的一种认知和行动,具有时间依赖性和情景依赖性①;程巧莲和田也壮认为,环境战略是企业做出与环境相关的决策模式②;杨德锋、杨建华、楼润平和姚卿认为,企业需要战略性地管理自然环境问题,形成环境保护战略,简称环境战略③;薛求知和李茜认为,企业绿色管理战略是指企业管理经营活动与自然环境相关关系的模式,是为企业遵守环境规制行为以减弱对环境负面影响而采取的一系列自愿行为,是围绕自然环境问题而形成的企业战略④;戴璐和支晓强认为,企业的环境保护战略是影响企业环境保护责任最重要的内部要素⑤。

根据国内外学者对环境战略内涵的界定,本书认为,环境战略是企业对于管理自然环境问题的总体规划,旨在管理商业与自然环境的关系,以便促进企业适应环境规制及进一步采取自愿的、积极的保护自然环境的措施。

二　环境战略类型

不同企业拥有的资源和能力存在差异,在处理与自然环境的关系时会采取不同的方法、手段,导致不同企业面对自然环境问题所表现的积极程度存在差异:一些企业可能由于法律法规、政府规制、利益相关者压力、社会组织的监督等采取被迫应对环境问题的行为,这些行为往往是被动的、消极的;另一些企业可能采取自愿、前瞻性的环境行为,积极、主动、用心地应对自然环境问题。因此,根据企业对于自然环境问题的应对行为的差异,国内外学者对环境战略进行了分类,具体如表2.1所示。

---

① 曹瑄玮、相里六续、刘鹏:《基于认知和行动观点的动态环境战略研究:前沿态势与未来展望》,《管理学家》2011年第6期,第18—30页。

② 程巧莲、田也壮:《全球化经营对中国制造企业环境绩效的影响研究》,《中国人口·资源与环境》2012年第22卷第6期,第17—22页。

③ 杨德锋、杨建华、楼润平、姚卿:《利益相关者、管理认知对企业环境保护战略选择的影响——基于我国上市公司的实证研究》,《管理评论》2012年第24卷第3期,第140—149页。

④ 薛求知、李茜:《企业绿色管理的动机和理论解释》,《上海管理科学》2013年第35卷第1期,第1—7页。

⑤ 戴璐、支晓强:《影响企业环境管理控制措施的因素研究》,《中国软科学》2015年第4期,第108—120页。

表 2.1　　　　　　　　　　　　　　**环境战略类型**

作者	年份	类型
Hunt，Auster	1990	初始者、救火员、热心公民、实用主义者和前瞻者
Roome	1992	不遵守、遵守、"遵守＋"、经营与自然环境绩效双优秀、领导优势
Hart	1995	污染预防、产品管理、可持续发展
Vastag, Kerekes, Rondinelli	1996	反应型环境战略、危机预防、策略型、前瞻型
Sharma，Vredenburg	1998	反应型环境战略、前瞻型环境战略
Henriques，Sadorsky	1999	反应型战略、防御型战略、适应型战略和前瞻型战略
Klassen，Whybark	1999	遵守、机会、领导
Sharma	2000	从遵守到自愿连续的环境战略
Christmann，Taylor	2001	主动型、适应型、防御型、能力构建型和反应型
Buysse，Verbeke	2003	反应型战略、污染防治战略、环境领先战略
Rhee，Lee	2003	象征性环境战略、真实性环境战略
Sharma，Henriques	2005	污染控制、生态效率、再循环、生态设计、生态系统管理和业务重新定义
Murillo-Luna, Garcés-Ayerbe, Rivera-Torres	2008	被动反应、关注环境规划反应、关注利益相关者反应、全面环境质量反应
Murillo-Luna, Garcés-Ayerbe, Rivera-Torres	2011	反应型、关注合法性、关注利益相关者、全面环境质量
胡美琴和骆守俭	2008	讨价还价型、合作型、反应型、主动型
王俊豪和李云雁	2009	防御型、主动型
闫娜和罗东坤	2009	战略领先型战略、服从型战略
曹瑄玮、相里六续和刘鹏	2011	反应战略、预防战略、跟随战略、领导战略
薛求知和伊晟	2014	反应型、防御型、适应型、前瞻型
戴璐和支晓强	2015	反应型环境保护战略、前瞻型环境保护战略、污染战略
缑情雯和蔡宁	2015	实质性环境战略、象征性环境战略

资料来源：根据相关文献整理所得。

　　现有研究中虽关于环境战略的分类并不一致，但都是以企业对于自然环境问题积极反应和消极反应为基础而展开的。Roome 将其划分为"不遵守""遵守""遵守＋""经营与自然环境绩效双优秀""领导优势"五种类型，其中"不遵守"指当一个公司受到成本约束时，不对变化的环境标准做出反应；"遵守"是由合法性引起的消极反应，并不能由此获得竞争优势；"遵守+"是对环境管理作出积极的回应，说明公司部分高级管理人员愿意采用管理系统和政策促进组织环境的改变；"经营与自然环境绩效双优秀""领导优势"认为环境管理是一种友好的管理方式，能够帮助企业在行业中处于自然环境领袖地位①。

Hart 通过文献整理分析发现，虽然资源基础观强调有价值的、稀缺的、低成本和不可模仿的资源和能力在企业获得可持续竞争优势过程中的重要作用②，但系统地忽略了自然环境的制约作用。为此，作者认为应将自然环境包括在资源基础观内，提出了自然资源基础观（Natural Resource Based View，NRBV）③ 主要由污染预防（Pollution Prevention）、产品管理（Product Stewardship）和可持续发展（Sustainable Development）三种战略能力构成。

污染减少主要通过污染控制（Pollution Control）和污染预防两种途径实现。污染控制过程中采取末端治理（End-of-Pipe）的方式，利用花费较大的污染控制设备处理污染排放，而污染预防是在产品制造、生产、销售过程中依赖更好的家务管理（Housekeeping）、原料替代、回收等方式减少污染，需要员工参与和污染排放的持续改进，聚焦于新的生产能力的构建，从源头减少或借用清洁技术使产品生产及生产过程的浪费最小，成本较低。污染预防实现途径主要包括通过改善生产系统、设备和操作以减少浪费和污染物排放，使用不同原材料，产品的重新设计或调整以及采取过程内回收④；产品管理将外部利益相关者观点整合到产品设计和发展过程中，强调产品整个生命周期的低环境成本；持续发展战略意味着通过构建市场减少环境负担，在发展中国家形成新的动力，需要

① Roome, N., "Linking Quality and the Environment", *Business Strategy and the Environment*, No. 1, 1992, pp. 11 – 24.

② Barney, J., "Firm Resources and Sustained Competitive Advantage", *Journal of Management*, Vol. 17, No. 1, 1991, pp. 99 – 120.

③ Hart, S. L., "A Natural-resource-based View of the Firm", *Academy of Management Review*, Vol. 20, No. 4, 1995, pp. 986 – 1014.

④ Oldenburg, K. U., "Preventing Pollution is No End-of-pipe Dream: The Way to Turn the Environmental Spending Curve Down is to Generate Less of What is Regulated", *Across the Board*, Vol. 24, No. 6, 1987, pp. 11 – 15.

有关利益相关者和道德领导的长期价值观念的形成。Hart 从内部竞争优势、外部社会合法性的角度展开，认为污染预防、产品管理和可持续发展是递进的，且三者存在路径依赖（Path Dependence）和嵌入性（Embeddedness）。表 2.2 为 Hart 提出的自然资源基础观的概念框架。

表 2.2   **自然资源基础观的概念框架**

战略能力	环境驱动力	关键资源	竞争优势
污染预防	排放、废水、废物最小化	持续改进	低成本
产品管理	产品生命周期成本最小化	利益相关者整合	优先于竞争对手
可持续发展	公司增长和发展的环境负担最小化	共享价值观	未来位置

资料来源：Hart, S. L., "A Natural-resource-based View of the Firm", *Academy of Management Review*, Vol. 20, No. 4, 1995, pp. 986 – 1014。

Sharma 和 Vredenburg 通过对加拿大石油和天然气行业 7 家公司的深度访谈，基于资源基础观进行了对比案例分析，识别出企业存在的前瞻型环境战略和反应型环境战略[①]。其中，前瞻型环境战略是企业自愿、积极地应对自然环境问题；反应型环境战略是指企业仅对面临的环境问题采取被动响应的战略。

Henriques 和 Sadorsky 针对强环境承诺的公司与弱环境承诺的公司在影响自然环境实践方面感知利益相关者重要性是否存在差异进行了研究[②]。根据企业拥有环境计划、描述环境计划的书面文件、与利益相关者或股东就环境计划进行交流、与员工就环境计划进行交流、拥有环境健康与安全委员会、董事会或管理者委员会处理环境问题等环境实践活动的情况，利用聚类分析法将调查对象的环境反应战略分为反应型战略、防御型战略、适应型战略和前瞻型战略。Christmann 和 Taylor 根据环境问

[①] Sharma, S., Vredenburg, H., "Proactive Corporate Environmental Strategy and the Development of Competitively Valuable Organizational Capabilities", *Strategic Management Journal*, Vol. 19, No. 8, 1998, pp. 729 – 753.

[②] Henriques, I., Sadorsky, P., "The Relationship between Environmental Commitment and Managerial Perceptions of Stakeholder Importance", *Academy of Management Journal*, Vol. 42, No. 1, 1999, pp. 87 – 99.

题中战略重要性和处理环境问题时企业具备的资源和能力的强弱，将自愿环境实践分为四种类型：主动型、适应型、防御型和（或）能力构建型以及反应型①。

此外，众多学者从不同角度对环境战略进行了不同的分类，如 Sharma 和 Henriques 将环境战略分为污染控制、生态效率、再循环、生态设计、生态系统管理和业务重新定义；Murillo-Luna、Garcés-Ayerbe 和 Rivera-Torres 将环境战略分为被动反应、关注环境规划反应、关注利益相关者反应、全面环境质量反应；另一些学者根据环境战略执行过程中的关注差异，将环境战略分为注重过程的和注重产品的。

国内有关环境战略的研究开展较晚，研究中通过借鉴国外相关文献，并结合我国实际形成了对环境战略的认识：如王俊豪和李云雁根据企业对待自然环境的不同方式和观点以及环境规制的差异，将环境战略分为防御型和主动型②；曹瑄玮、相里六续和刘鹏根据时间导向的差异（认知程度、环境变化速度）将环境战略分为反应战略、预防战略、跟随战略、领导战略③；戴璐和支晓强将战略管理与管理会计两个领域进行结合，将环境战略分为反应型环境保护战略、前瞻型环境保护战略和污染战略④。

三　环境战略研究视角

国内外学者从不同的角度对环境战略展开了研究，根据研究理论或视角的差异，本研究分别从利益相关者理论、制度理论、资源基础观、自然资源基础观、高阶理论、多种理论相结合等视角进行了总结。

（一）基于利益相关者理论（Stakeholder Theory）的研究

利益相关者理论最早由 Freeman 在其著作《战略管理：一个利益相

---

① Christmann, P., Taylor, G., "Globalization and the Environment: Determinants of Firm Self-regulation in China", *Journal of International Business Studies*, Vol. 32, No. 3, 2001, pp. 439 –458.

② 王俊豪、李云雁：《民营企业应对环境管制的战略导向与创新行为——基于浙江纺织行业调查的实证分析》，《中国工业经济》2009 年第 9 期，第16—26 页。

③ 曹瑄玮、相里六续、刘鹏：《基于认知和行动观点的动态环境战略研究：前沿态势与未来展望》，《管理学家》2011 年第 6 期，第18—30 页。

④ 戴璐、支晓强：《影响企业环境管理控制措施的因素研究》，《中国软科学》2015 年第 4 期，第108—120 页。

关者视角》中提出，Freeman 认为，利益相关者是指能够影响组织目标的实现或者被组织目标实现所影响的任何组织或个人①。利益相关者理论认为，在企业经营管理活动中不仅需要从股东的利益出发，更要为其他利益相关方提供服务，综合平衡各利益相关者的利益要求；不同的利益相关者在企业的生产经营中有着不同的利益诉求，对于自然环境问题的关注亦存在差异，但各利益相关者对于自然环境的关注和负责任态度促使企业进行环境战略决策②。

1. 利益相关者分类

不同学者对于利益相关者存在不同的认识，如 Charwham 根据是否与企业存在合同关系，将利益相关者分为契约型利益相关者和公众型利益相关者③；Jacobs 和 Getz 认为，利益相关者理论可以区分为描述性利益相关者理论、规范性利益相关者理论和工具性利益相关者理论④；Henriques 和 Sadorsky 在研究环境承诺与管理者感知利益相关者重要性关系时，将利益相关者分为规制利益相关者、组织利益相关者、社区利益相关者和媒体⑤；Huang 和 Kung 在分析利益相关者期望在环境信息披露中的作用时，将利益相关者分为外部利益相关者、内部利益相关者和中间利益相关者⑥；Darnall、Henriques 和 Sadorsky 在对企业前瞻型环境战略进行研究时，将利益相关者分为直接利益相关者和间接利益相关者⑦。国内学者杨

---

① Freeman, R. E., *Strategic Management: A Stakeholder Approach*, Pitman: Boston, MA, 1984.

② Henriques, I., Sadorsky, P., "The Relationship between Environmental Commitment and Managerial Perceptions of Stakeholder Importance", *Academy of Management Journal*, Vol. 42, No. 1, 1999, pp. 87 – 99.

③ Charwham, J., "Corporate Governance: Lessons from Abroad", *European Business Journal*, Vol. 22, No. 4, 1992, pp. 8 – 16.

④ Jacobs, D. C., Getz, K. A., "Dialogue on the Stakeholder Theory of the Corporation: Concepts, Evidence, and Implications", *Academy of Management Review*, Vol. 20, No. 4, 1995, pp. 793 –795.

⑤ Henriques, I., Sadorsky, P., "The Relationship between Environmental Commitment and Managerial Perceptions of Stakeholder Importance", *Academy of Management Journal*, Vol. 42, No. 1, 1999, pp. 87 – 99.

⑥ Huang, C. L., Kung, F. H., "Drivers of Environmental Disclosure and Stakeholder Expectation: Evidence from Taiwan", *Journal of Business Ethics*, Vol. 96, No. 3, 2010, pp. 435 – 451.

⑦ Darnall, N., Henriques, I., Sadorsky, P., "Adopting Proactive Environmental Strategy: The Influence of Stakeholders and Firm Size", *Journal of Management Studies*, Vol. 47, No. 6, 2010, pp. 1072 – 1094.

东宁在分析企业环境管理中利益相关者与企业竞争优势关系时，将利益相关者分为决策权威类、运营支持类和商业伙伴类[①]；杨德锋、杨建华、楼润平和姚卿在探讨利益相关者与企业环境保护战略选择关系时，将利益相关者区分为外部主要利益相关者、内部主要利益相关者、次要利益相关者、管制利益相关者[②]。利益相关者的主要分类如表 2.3 所示。

表 2.3　　　　　　　　利益相关者类型

作者、年份	类别	构成
Freeman (1984)	所有权	经理人员、董事会成员及其他持股人
	经济依赖性	债权人、员工、顾客、供应商、竞争者
Charwham (1992)	契约型利益相关者	股东、员工、顾客、供应商、竞争者
	公众型利益相关者	消费者、政府、压力集团、媒体、社区
Clarkson (1995)	首要利益相关者	员工、供应商、顾客、与组织存在正式关系的公共机构
	次要利益相关者	媒体、特殊利益群体、与组织不存在正式关系的群体
Wheeler (1998)	首要的社会性利益相关者	员工、顾客、社区、供应商等
	次要的社会性利益相关者	居民团体、相关利益集团等
	首要的非社会性利益相关者	自然环境、人类后代等
	次要的非社会性利益相关者	非人物种等
Henriques, Sadorsky (1999)	规制利益相关者	政府、行业协会、非正式网络、环境事务领先公司
	组织利益相关者	顾客、供应商、员工、股东
	社区利益相关者	社区团体、环境组织、潜在的游说团体
	媒体	相关媒介

---

① 杨东宁：《企业环境管理中的利益相关者参与及其对企业竞争优势的影响——中国大中型工业企业的实证研究》，《北京论坛（2007）：文明的和谐与共同繁荣——人类文明的多元发展模式："全球化趋势中跨国发展战略与企业社会责任"法学分论坛论文或摘要集（下）》，2007年，第834—850页。

② 杨德锋、杨建华、楼润平、姚卿：《利益相关者、管理认知对企业环境保护战略选择的影响——基于我国上市公司的实证研究》，《管理评论》2012年第24卷第3期，第140—149页。

续表

作者、年份	类别	构成
Buysse， Verbeke （2003）	规制利益相关者	政府、行业协会
	外部首要利益相关者	国内/国际顾客、国内/国际供应商
	内部首要利益相关者	员工、股东、金融机构
	次要利益相关者	国内/国际竞争对手、非政府组织、媒体
Murillo-Luna， Garcés-Ayerbe， Rivera-Torres （2008）	公司治理利益相关者	管理者、股东/所有者
	内部经济利益相关者	员工、劳动组织
	外部经济利益相关者	顾客、供应商、金融机构、保险公司、竞争者
	规制利益相关者	环境法律、管理控制
	外部社会利益相关者	媒体、公民/社区、环保者组织
Huang，Kung （2010）	外部利益相关者	政府、债权人、供应商、消费者
	内部利益相关者	股东、员工、管理者
	中间利益相关者	环保组织、会计公司
Darnall， Henriques， Sadorsky（2010）	直接利益相关者	日常消费者、供应商、管理者
	间接利益相关者	环保团体、社区、工会组织
杨东宁 （2007）	决策权威类	政府部门、高层管理者、企业主或股东
	运营支持类	消费者、环境保护主义者、员工、当地居民
	商业伙伴类	企业竞争者、销售渠道、供应商
杨德锋、 杨建华、 楼润平、 姚卿（2012）	外部主要利益相关者	顾客、供应商
	内部主要利益相关者	员工、股东、金融机构
	次要利益相关者	媒体、竞争者、非营利性组织
	管制利益相关者	中央（地方）政府、当地公众事务机构

资料来源：根据相关文献整理所得。

2. 利益相关者与企业环境战略相关研究

随着利益相关者研究的深入，利益相关者与企业战略的关系成为研究的焦点①。Frooman 认为，利益相关者通过两种途径影响企业战略：利

---

① Walls，J. L.，Berrone，P.，Phan，P. H.，"Corporate Governance and Environmental Perform-ance: Is There Really a Link?" *Strategic Management Journal*，Vol. 33，No. 8，2012，pp. 885 – 913；Bridoux，F.，Stoelhorst，J. W.，"Microfoundations for Stakeholder Theory: Managing Stakeholders with Heterogeneous Motives"，*Strategic Management Journal*，Vol. 35，No. 1，2014，pp. 107 – 125.

益相关者能够通过提供资源影响企业战略，包括威胁撤出关键资源或持续供应资源的额外强加条件；利益相关者能够操纵企业间资源流通或形成操纵的联盟影响企业战略①。

　　众多研究发现，利益相关者压力是企业采取环境战略的重要驱动因素。不同利益相关者压力对企业环境战略选择存在不同程度的影响，Henriques 和 Sadorsky 对加拿大公司的研究表明，政府规制和媒体在反应型环境战略的制定中发挥着重要作用；对执行前瞻型环境战略的企业影响最大的利益相关者是顾客、股东和当地社区，而政府规制和媒体对执行前瞻型环境战略的企业影响不太重要②；Buysse 和 Verbeke 对比利时企业的研究也发现，执行反应型环境战略的企业把注意力集中在政府的环境规制上，而执行前瞻型环境战略的企业将注意力集中于内部的主要利益相关者以及部分次要利益相关者，且次要利益相关者中的媒体对前瞻型环境战略的影响较弱③。

　　众多学者利用利益相关者理论对企业的环境管理活动进行了研究：Banerjee、Iyer 和 Kashyap 以利益相关者理论为基础，通过引入并可操作化的企业环保主义（Corporate Environmentalism）概念，回答了企业怎样管理其与自然环境的关系、什么因素能够影响企业选择这样的环境战略、行业类型在其中有着怎样作用等问题④。作者以政治 - 经济模型为框架，使用来自美国市场营销协会目录清单的 243 家企业的问卷，识别了包括公众关注（Public Concern）、规制力量（Regulatory Forces）、竞争优势（Competitive Advantage）和高层管理者承诺（Top Management Commitment）四种企业环保主义的前因变量，以及行业类型在其中的调节作用。

---

　　① Frooman，J.，"Stakeholder Influence Strategies"，*Academy of Management Review*，Vol. 24，No. 2，1999，pp. 191 – 205.

　　② Henriques，I.，Sadorsky，P.，"The Relationship between Environmental Commitment and Managerial Perceptions of Stakeholder Importance"，*Academy of Management Journal*，Vol. 42，No. 1，1999，pp. 87 – 99.

　　③ Buysse，K.，Verbeke，A.，"Proactive Environmental Strategies: A Stakeholder Management Perspective"，*Strategic Management Journal*，Vol. 24，No. 5，2003，pp. 453 – 470.

　　④ Banerjee，S. B.，Iyer，E. S.，Kashyap，R. K.，"Corporate Environmentalism: Antecedents and Influence of Industry Type"，*Journal of Marketing*，Vol. 67，No. 2，2003，pp. 106 – 122.

Sharma 和 Henriques 以加拿大为例，认为执行反应型环境战略的企业主要依靠公共关系部门来处理与利益相关者的关系，强调说服能力和形象管理，而执行前瞻型环境战略的企业关注的焦点是当地社区、环境组织、政府和其他非经济利益相关者，并以与这些利益相关者建立良好的关系为荣①。

Li Chang 等从政府这一企业重要的利益相关者角度出发，利用2001—2010 年间中国的采掘业、纺织业、生物制药业、金属业等八大重污染的上市公司数据，实证检验了企业环境承诺的产生和传递，以及在法律和规制强度较弱的新兴市场环境政策的实施和政府参与对企业环境绩效产生的影响②。研究发现，对于国有企业而言，政府参与（以产权结构衡量）与企业环境绩效（以环境资本支出衡量）存在显著的正向关系，但这一关系对于非国有企业并不成立；2006 年颁布了一项将环境问题与地方政府政治激励相联系的政策，之后非国有企业在环境投资方面表现更好；企业环境绩效损害了国有企业价值，而对于非国有企业价值没有影响。

国内学者从利益相关者角度对包括环境问题在内的企业社会责任问题进行了较为广泛的研究：温素彬和方苑根据资本形态的差异，将利益相关者分为货币资本利益相关者、人力资本利益相关者、生态资本利益相关者和社会资本利益相关者，利用2003—2007 年的 46 家上市公司的数据为基础，分析了企业社会责任与财务绩效间的关系③；张兆国、梁志钢和尹开国从利益相关者理论视角对什么是企业社会责任、企业为何以及如何承担社会责任等一系列问题进行了较为深入的研究④；贾兴平、刘益和廖勇海根据"外部压力—企业行为—市场反应"的研究思路，分析了

① Sharma, S., Henriques, I., "Stakeholder Influences on Sustainability Practices in the Canadian Forest Products Industry", *Strategic Management Journal*, Vol. 26, No. 2, 2005, pp. 159 – 180.

② Li, C., Li, W. J., Lu, X. Y., "Government Engagement, Environmental Policy, and Environmental Performance: Evidence from the Most Polluting Chinese Listed Firms", *Business Strategy and the Environment*, Vol. 24, No. 1, 2015, pp. 1 – 19.

③ 温素彬、方苑：《企业社会责任与财务绩效关系的实证研究——利益相关者视角的面板数据分析》，《中国工业经济》2008 年第 10 期，第150—160 页。

④ 张兆国、梁志钢、尹开国：《利益相关者视角下企业社会责任问题研究》，《中国软科学》2012 年第 2 期，第139—146 页。

利益相关者压力、企业社会责任和企业价值间的关系，并利用 2011—2013 年 CASS-CSR 发布的百强企业中的上市公司的数据进行了验证①。然而，对于利益相关者与企业环境战略选择关系的研究仍十分有限，如杨德锋等将利益相关者分为外部主要利益相关者、内部主要利益相关者、次要利益相关者、管制利益相关者，分析了不同利益相关者对企业环境战略选择（前瞻型环境战略、反应型环境战略）的影响②。

（二）制度理论（Institutional Theory）视角

制度理论认为，组织嵌入广泛的社会结构中，包含显著影响公司决定的不同类型制度。组织在制度化过程中，为获得合法性而与传统、惯例及规范保持一致，致使组织行为呈现同质化，形成强制性制度同形、规范性制度同形、模仿性制度同形③。学者运用制度理论从不同方面对企业战略问题进行了探索，有的学者认为，强制力量可能导致企业趋同战略（Isomorphism）④；有的学者认为，制度压力特别是强制力量能够导致行业水平和公司水平的战略变化而非趋同⑤，亦可能制约企业的战略选择⑥，使企业与机构之间的关系随时间不断变化⑦，导致企业战略的差异（Heterogeneity）；亦有学者强调强制力量、规范力量和模仿力量对企业采

---

① 贾兴平、刘益、廖勇海：《利益相关者压力、企业社会责任与企业价值》，《管理学报》2016 年第 13 卷第 2 期，第 174—267 页。

② 杨德锋、杨建华、楼润平、姚卿：《利益相关者、管理认知对企业环境保护战略选择的影响——基于我国上市公司的实证研究》，《管理评论》2012 年第 24 卷第 3 期，第 140—149 页。

③ DiMaggio, P. J., Powell, W. W., "The Iron Cage Revisited: Institutional Isomorphism and Collective Rationality in Organizational Fields", *American Sociological Review*, Vol. 48, No. 2, 1983, pp. 147 – 160.

④ Baum, J. A. C., Oliver, C., "Institutional Embeddedness and the Dynamics of Organizational Populations", *American Sociological Review*, Vol. 57, No. 4, 1992, pp. 540 – 559; Haveman, H. A., "Follow the Leader: Mimetic Isomorphism and Entry into New Markets", *Administrative Science Quarterly*, Vol. 38, No. 4, 1993, pp. 593 – 627.

⑤ Hoffman, A. J., "Linking Organizational and Field-level Analyses", *Organization & Environment*, Vol. 14, No. 2, 2001, pp. 133 – 156.

⑥ Scott, W. R., "The Adolescence of Institutional Theory", *Administrative Science Quarterly*, Vol. 32, No. 4, 1987, pp. 493 – 511.

⑦ Hoffman, A. J., "Institutional Evolution and Change: Environmentalism and the U. S. Chemical Industry", *Academy of Management Journal*, Vol. 42, No. 4, 1999, pp. 351 – 371.

取特定战略的驱动作用①。

制度压力是促使企业采取生态环境保护的主要动力②，企业的制度因素对于企业如何处理环境问题有着决定作用③，众多学者利用制度理论对企业环境战略的选择展开了研究：Bansal 和 Clelland 以制度理论为基础，利用美国 1991—1994 年的造纸、化工、石油、金属材料、运输设备等重污染行业的 100 家企业的数据，分析了环境合法性企业与其股票市场非系统性风险间的关系④。研究发现，与环境非法性企业相比，环境合法性企业在股票市场的非系统性风险更低；当企业的自然环境绩效符合利益相关者期望时，企业获得环境合法性；较低环境合法性的企业能够通过自然环境承诺减少非系统性风险。

虽然公司环境战略的研究日渐增多，但为什么一些公司会采取超越规制的环境管理实践？是潜在的收益驱动还是制度压力使然？为什么面对相同水平制度压力的公司会追寻不同的环境战略？Delmas 等以制度理论为基础，研究了包括政府、规制者、顾客、竞争者、社区和环境利益集团、行业协会等利益相关者的强制压力和规范压力对公司环境管理实践的影响，以及公司特征和行业结构在其中的调节作用，并从理论角度提出了研究模型⑤。

Liu 等根据来自中国常熟企业的 117 份有效问卷，从企业外部利益相关者（强制压力、规范压力和模仿压力）和内部因素（环境战略导向和学习能力）识别了前瞻型环境管理水平（Proactive Environmental Management Level）的刺激因素。研究发现，目前中国前瞻型环境管理水平仍较

① DiMaggio, P. J., Powell, W. W., "The Iron Cage Revisited: Institutional Isomorphism and Collective Rationality in Organizational Fields", *American Sociological Review*, Vol. 48, No. 2, 1983, pp. 147-160.

② Bansal, P., "Evolving Sustainably: A Longitudinal Study of Corporate Sustainable Development", *Strategic Management Journal*, Vol. 26, No. 3, 2005, pp. 197-218.

③ 迟楠、李垣、郭婧洲：《基于元分析的先动型环境战略与企业绩效关系的研究》，《管理工程学报》2016 年第 30 卷第 3 期，第 9—14 页。

④ Bansal, P., Clelland, I., "Talking Trash: Legitimacy, Impression Management, and Unsystematic Risk in the Context of the Natural Environment", *Academy of Management Journal*, Vol. 47, No. 1, 2004, pp. 93-103.

⑤ Delmas, M., Toffel, M. W., "Stakeholders and Environmental Management Practices: An Institutional Framework", *Business Strategy and the Environment*, Vol. 13, No. 4, 2004, pp. 209-222.

低；外部模仿压力对前瞻型环境管理水平存在显著积极影响；一般公众和行业协会所体现的规范压力并不显著；对于内部因素而言，若企业将环境问题视为企业发展机会，会安排更多内部环境培训，更可能采取前瞻型环境活动①。

North 认为，制度包括正式制度和非正式制度②，Aguilera-Caracuel 等发现在环境领域，众多学者利用制度理论进行了广泛的研究和探讨，但很少将非正式制度考虑在内。为此，作者提出了正式制度距离和非正式制度距离，认为正式制度距离指合法制度、法律以及母国与东道国规制等方面的差异，非正式制度距离主要来自价值观、信仰、风俗习惯、传统以及母国与东道国行为准则等方面的差异，并以总部位于美国、加拿大、法国，子公司位于美国、加拿大、法国和西班牙的化工、机械和石油能源等行业的 128 个不同的跨国公司和 1790 个子公司为研究对象，分析了母国和东道国不同环境制度距离与跨国公司环境绩效标准之间的关系③。利用最小二乘回归的结果发现，母国和东道国较高的正式环境制度距离导致跨国公司基于当地合法性需求产生较高的环境绩效变化；母国和东道国较高的非正式环境制度距离能够鼓励跨国公司独立整合其环境绩效标准。

国内学者亦从制度理论角度对企业环境管理行为展开了相关研究，杨东宁和周长辉以制度理论为理论基础，构建了企业对标准化环境管理体系自愿贯标的合宜性驱动力概念模型。通过对 287 家大中型工业企业的有效问卷的实证分析，对此模型进行了验证，认为战略导向驱动力、学习能力驱动力和经验传统驱动力构成了企业内部合宜性驱动力，且对企业自愿贯标行为均存在显著正向影响；企业外部合宜性驱动力中的规范性驱动力的作用较为显著，强制性驱动力和模仿性驱动力的作用并不

---

① Liu, X., Liu, B., Shishime, T., Yu, Q., Bi, J., Fujitsuka, T., "An Empirical Study on the Driving Mechanism of Proactive Corporate Environmental Management in China", *Journal of Environmental Management*, Vol. 91, No. 8, 2010, pp. 1707 – 1717.

② North, D. C., *Institutions, Institutional Change and Economic Performance*, New York, NY: Cambridge University Press, 1990.

③ Aguilera-Caracuel, J., Hurtado-Torres, N. E., Aragón-Correa, J. A., Rugman, A. M., "Differentiated Effects of Formal and Informal Institutional Distance between Countries on the Environmental Performance of Multinational Enterprises", *Journal of Business Research*, Vol. 66, No. 12, 2013, pp. 2657 – 2665.

显著①。胡美琴和骆守俭基于制度理论和企业战略反应视角，通过对相关文献的整理、分析，探讨了环境规制下企业绿色管理战略选择行为，构建了企业绿色管理模式，提出了对我国绿色管理的启示②。

缑倩雯和蔡宁构建了多重制度逻辑（国家逻辑、市场逻辑和社会公益逻辑）下的企业环境战略分析框架（如图2.1），说明了社会公益逻辑是企业环境活动不断增加的根本原因③。作者将企业环境战略分为实质性和象征性，实质性环境战略是企业为提升环境绩效而采取的切实行动或措施，象征性环境战略是企业对于未来关于环境的承诺或对以往行为的模糊美化。通过对沪深两市372家上市公司的实证分析发现，制度逻辑的差异导致企业的环境战略行为出现不同，即与市场主导下的企业相比，国家逻辑主导下的企业更可能选择实质性环境战略，其中国家逻辑主导的国有企业中，中央直接控制的企业更可能采取实质性环境响应战略，而地方政府控制的企业更倾向于采取象征性环境响应战略；市场逻辑主导的私有企业中，绩效对于企业的环境战略选择存在显著影响，绩效越差的企业越倾向于采取象征性环境战略。

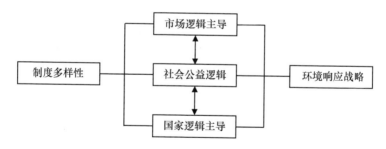

图2.1　多重制度逻辑下的企业环境战略分析框架

资料来源：缑倩雯、蔡宁：《制度复杂性与企业环境战略选择：基于制度逻辑视角的解读》，《经济社会体制比较》2015年第1期，第125—138页。

---

① 杨东宁、周长辉：《企业自愿采用标准化环境管理体系的驱动力：理论框架及实证分析》，《管理世界》2005年第2期，第85—95页。
② 胡美琴、骆守俭：《企业绿色管理战略选择——基于制度压力与战略反应的视角》，《工业技术经济》2008年第27卷第2期，第11—14页。
③ 缑倩雯、蔡宁：《制度复杂性与企业环境战略选择：基于制度逻辑视角的解读》，《经济社会体制比较》2015年第1期，第125—138页。

迟楠、李垣和郭婧洲采用元分析的方法，探讨了先动型环境战略选择与企业绩效的关系，并根据制度理论分析了企业选择先动型环境战略的影响因素①。元分析结果显示，正式制度和非正式制度都能够促使企业选择先动型环境战略，且非正式制度的影响作用更大。

（三）基于资源基础观（Resource Based View）的研究

资源是企业能力形成的基础，独特的资源和能力能够帮助企业不断成长，是企业竞争优势的源泉②；Porter③认为企业所在行业的盈利能力和所处的竞争地位共同决定着企业竞争优势，低成本和差异化是企业获得竞争优势的两种基本战略方法；Wernerfelt《企业的资源基础观》一文的发表，标志着资源基础观的诞生，作者从资源方面而非产品角度分析了战略决策对于企业的重要作用④；Barney通过对以往关于资源观点的整合，指出资源具有价值性、稀缺性、不可模仿性以及不可替代性时，独特的资源就能够帮助企业获得竞争优势⑤；Barney对资源基础观的发展进行了总结，认为资源基础观在人力资源管理、经济和金融领域、创业、市场、国际贸易等领域能够获得应用，并对未来有关资源基础观的研究指出了方向⑥。

由于企业所拥有的资源和能力存在差异性，不同的企业会根据自身实际情况决定环境战略在整体战略中的重要性，以采取最利于企业获得竞争优势的环境战略类型。众多学者从资源基础观的角度研究了企业资源和能力对于企业环境战略的影响：Russo和Fouts以资源基础观为基础，假设环境绩效和财务绩效存在积极关系，行业增长对两者关系存在显著

① 迟楠、李垣、郭婧洲：《基于元分析的先动型环境战略与企业绩效关系的研究》，《管理工程学报》2016 年第 30 卷第 3 期，第 9—14 页。

② Penrose, E. , *The Theory of the Growth of the Firm*, New York：Wiley, 1959.

③ Porter, M. E. , *Competitive Strategy*, New York：Free Press, 1980；Porter, M. E. , "America's Green Strategy", *Scientific American*, Vol. 264, No. 4, 1991, pp. 168 – 170.

④ Wernerfelt, B. , "A Resource-based View of the Firm", *Strategic Management Journal*, Vol. 5, No. 1, 1984, pp. 171 – 180.

⑤ Barney, J. , "Firm Resources and Sustained Competitive Advantage", *Journal of Management*, Vol. 17, No. 1, 1991, pp. 99 – 120.

⑥ Barney, J. , Wright, M. , Ketchen, D. J. , "The Resource-based View of the Firm：Ten Years After 1991", *Journal of Management*, Vol. 27, No. 6, 2001, pp. 625 – 641.

的调节作用，即在高增长行业环境绩效的回报会更高。作者利用芬兰 1991 年、1992 年的 243 家公司进行了验证，研究发现，"绿色是值得的"，行业增长强化了环境绩效和财务绩效间的关系①；Sharma 认为，企业所拥有的冗余资源、管理能力、持续创新能力及与利益相关者关系等企业可支配的资源和能力能够影响企业环境战略类型的选择，大型公司拥有更多的资源和进行创新行为的能力，其更可能采取前瞻型环境战略②；Christmann 发现在以往环境管理"最佳实践"（Best Practices）对企业绩效影响的研究中，忽略了对现存公司资源和能力作用的探讨。为此，作者以资源基础观为基础，通过对美国 88 家化工企业的调查研究，分析了使用污染防治技术、专有污染防治技术的创新、先动响应等环境管理"最佳实践"能否帮助企业获得成本优势，以及互补性资产对环境管理最佳实践和成本优势关系的作用③。研究发现，互补性资产的过程创新和实施能力对环境管理最佳实践和成本优势存在显著正向调节作用。

Rueda-Manzanares、Aragón-Correa 和 Sharma 基于公司资源基础观，以西欧和北美 12 个国家的 134 家滑雪度假公司为研究样本，分析了利益相关者整合能力与环境战略间的关系，并验证了一般商业环境复杂性、不确定性、丰富性在其中的调节作用④。研究发现，组织利益相关者整合能力对服务公司采取前瞻型环境战略有着积极影响；商业环境不确定性对公司环境战略存在直接的积极影响，复杂性对公司环境战略存在直接的消极影响；商业环境复杂性对利益相关者整合能力与公司环境战略间的关系存在显著的负向调节作用。Aragón-Correa、Hurtado-Torres、Sharma 和

①　Russo, V., Fouts, P. A., "A Resource-based Perspective on Corporate Environmental Performance and Profitability", *Academy of Management Journal*, Vol. 40, No. 3, 1997, pp. 534 – 559.

②　Sharma, S., "Managerial Interpretations and Organizational Context as Predictors of Corporate Choice of Environmental Strategy", *Academy of Management Journal*, Vol. 43, No. 4, 2000, pp. 681 – 697.

③　Christmann, P., "Effects of 'Best Practices' of Environmental Management on Cost Advantage: The Role of Complementary Assets", *Academy of Management Journal*, Vol. 43, No. 4, 2000, pp. 663 – 680.

④　Rueda-Manzanares, A., Aragón-Correa, J. A., Sharma, S., "The Influence of Stakeholders on the Environmental Strategy of Service Firms: The Moderating Effects of Complexity, Uncertainty and Munificence", *British Journal of Management*, Vol. 19, No. 2, 2008, pp. 185 – 203.

Garcia-Morales 以资源基础观为基础，以西班牙南部的 108 家中小汽车修理厂为研究对象，分析了中小企业采取环境战略与企业绩效之间的关系①。研究发现，中小企业采取的环境战略有反应型环境战略、前瞻型环境战略、环境领导；中小企业内部短期的交流和亲近的沟通、创始人愿景的呈现、外部关系管理的灵活性以及创业导向是中小企业独特的战略特征，依据中小企业独特战略特征验证了中小企业能力、共同愿景、利益相关者管理、战略前瞻性与环境战略间的显著正向关系；作者还发现越积极、越前瞻性的环境战略越能够促进企业的财务绩效。

国内学者杨德锋和杨建华探讨了企业环境管理对于绩效影响的内部机制，分析了积极的环境管理对企业组织能力及组织能力对企业竞争优势的影响②。通过对采掘业、制造业和电力、煤气、水生产和供应业的 134 家企业的实证分析发现，环境战略对创新能力、组织学习、跨部门合作及整合利益相关者存在显著正向影响；环境战略对企业成本优势和差异化优势存在显著正向影响；且环境战略能够通过组织学习、跨部门合作对成本优势产生积极影响，环境战略能够通过跨部门合作、整合利益相关者对差异化优势产生正向影响。戴璐和支晓强将战略管理与管理会计两个领域进行结合，分析了影响企业环境管理控制措施的因素，作者将环境战略分为反应型环境保护战略、前瞻型环境保护战略和污染战略，分析了环境战略与环境管理控制的关系以及政治关联在两者中的作用③。通过对 128 份问卷的分析发现，采取反应型环境保护战略的企业与其实施的管理控制措施间存在显著正向关系，政治关联在这一关系中起到支持作用；前瞻型环境保护战略的企业与其实施的管理控制措施间存在显著正向关系，政治关联在这一关系中起到支持作用；企业推行污染战略与其内部控制间存在消极关系，政治关联在这一过程中起到替代效应。

① Aragón-Correa, J. A., Hurtado-Torres, N., Sharma, S., Garcia-Morales, V. J., "Environmental Strategy and Performance in Small Firms: A Resource-based Perspective", *Journal of Environmental Management*, Vol. 86, No. 1, 2008, pp. 88 – 103.

② 杨德锋、杨建华：《环境战略、组织能力与竞争优势——通过积极的环境问题反应来塑造组织能力、创建竞争优势》，《财贸经济》2009 年第 9 期，第 120—125 页。

③ 戴璐、支晓强：《影响企业环境管理控制措施的因素研究》，《中国软科学》2015 年第 4 期，第 108—120 页。

（四）基于自然资源基础观（Natural Resource Based View）的研究

资源基础观认为有价值的、稀缺的、低成本和难以模仿的资源和能力是企业获得持续竞争优势的关键[1]，但资源基础观忽略了自然环境所带来的约束，因此，Hart 将自然环境引入资源基础观中形成了自然资源基础观[2]。而后，Hart 和 Dowell 对自然资源基础观进行了重新回顾和总结，对其发展进行了重新评估，认为污染预防、产品管理、可持续发展［清洁技术和金字塔底层（Base of the Pyramid）］构成了自然资源基础观的战略能力，并指出了各个战略能力未来的研究方向[3]。

随着自然资源基础观的提出和发展，越来越多的学者运用自然资源基础观对战略领域相关问题进行了较为深入的研究。Judge 和 Douglas 从自然资源基础观的视角分析了企业将自然环境整合入战略计划过程的能力，并使用来自美国化工、造纸等多公司和多行业的 170 份调查数据，利用结构方程模型检验了整合自然环境到正式战略计划过程的前因变量和整合效果[4]。研究发现，战略计划过程中的环境管理关注整合水平与财务绩效和环境绩效存在积极关系；环境问题中越强的作用覆盖和越多的资源提供，越能将环境问题整合在战略计划过程中。说明对于环境问题的关注能够提升企业的竞争优势。

Menguc 和 Ozanne 以自然资源基础观为理论基础，利用 140 家澳大利亚制造业企业数据，检验了自然环境导向（Natural Environmental Orientation）对于企业绩效的影响[5]。研究发现，自然环境导向是由企业家精神（Entrepreneurship）、企业社会责任（Corporate Social Responsibility）和自

① Barney, J., "Firm Resources and Sustained Competitive Advantage", *Journal of Management*, Vol. 17, No. 1, 1991, pp. 99–120.

② Hart, S. L., "A Natural-resource-based View of the Firm", *Academy of Management Review*, Vol. 20, No. 4, 1995, pp. 986–1014.

③ Hart, S. L., Dowell, G., "A Natural-resource-based View of the Firm: Fifteen Years After", *Journal of Management*, Vol. 37, No. 5, 2011, pp. 1464–1479.

④ Judge, W. Q., Douglas, T. J., "Performance Implications of Incorporating Natural Environmental Issues into the Strategic Planning Process: An Empirical Assessment", *Journal of Management Studies*, Vol. 35, No. 2, 1998, pp. 241–262.

⑤ Menguc, B., Ozanne, L. K., "Challenges of the 'Green Imperative': A Natural Resource-based Approach to the Environmental Orientation-business Performance Relationship", *Journal of Business Research*, Vol. 58, No. 4, 2005, pp. 430–438.

然环境承诺（Commitment to the Natural Environment）三个维度构成的高阶构念；自然环境导向构念与企业售后利润和市场份额存在显著的积极相关性；与销售增长率存在消极相关关系。

Chan 根据 1996 年外商投资企业目录抽取了 1000 家服装和电子行业的外商合资企业和外商独资企业进行问卷的发放、收集，探讨了在中国经营的外商企业能否从以自然资源基础观为原则的公司中获得益处。以往关于影响环境战略的所有主要前因和结果变量研究的整合模型还未完整形成，为此，作者提出一个描述关于公司自然资源基础观实践的主要前因和结果变量的整合模型，并利用从中国外商投资企业收集的问卷数据对模型进行了验证①。研究结果显示，公司特定资源通过组织能力的中介作用显著影响环境战略的采取；中国的外商投资企业能够通过采取环境战略促进企业环境绩效和财务绩效，并进一步分析了感知自然环境不确定性、经营模式、公司规模对公司实现生态可持续的调节作用。

Hart 等重新回顾了自然资源基础观从 1995 年提出至今的发展情况及其在资源基础观领域相关文献和可持续发展相关文献的进展，并从污染预防、产品管理和可持续发展（清洁技术和金字塔底端）等三种战略能力的角度探讨了环境战略在促进企业成功中的作用②。作者将动态能力与自然资源基础观相结合，分析了两者可能的关系及对于企业发展的作用；通过回顾最近关于清洁技术和金字塔底端的研究，说明了自然资源基础观的地位以及未来的研究方向。

国内学者对于自然资源基础观的认识和利用仍非常有限，仅有部分学者利用自然资源基础观进行了相关研究，其中，田虹和潘楚林以自然资源基础观为基础，以食品制造业、纺织业等 6 类环保压力较大行业的 229 家企业为研究对象，分析了前瞻型环境战略与企业绿色形

---

① Chan, R. Y. K., "Does the Natural-resource-based View of the Firm Apply in an Emerging Economy? A Survey of Foreign Invested Enterprises in China", *Journal of Management Studies*, Vol. 42, No. 3, 2005, pp. 625 – 672.

② Hart, S. L., Dowell, G., "A Natural-resource-based View of the Firm: Fifteen Years After", *Journal of Management*, Vol. 37, No. 5, 2011, pp. 1464 – 1479.

象间的关系①。研究发现，前瞻型环境战略对企业绿色形象的提升存在
显著的积极作用，绿色核心竞争力、绿色创新在前瞻型环境战略与企业
绿色形象关系中起到链式中介作用。

（五）基于高阶理论（Upper Echelons Theory）的相关研究

高阶理论最早由 Hambrick 和 Mason 于 1984 年提出，以企业管理者的
有限理性（Bounded Rationality）为假设前提展开，聚焦于管理者的认知、
价值观和感知，认为管理者的特征（心理特征和可观测特征）影响其对
经营环境的观察、分析，决定企业的战略选择及其绩效水平②。由于管理
者认知、价值观和感知难以测量，高阶理论常采用管理者的人口统计学
特征作为其认知模式的代理③。Hambrick 和 Mason 给出了组织高阶观点的
图示，如图 2.2。

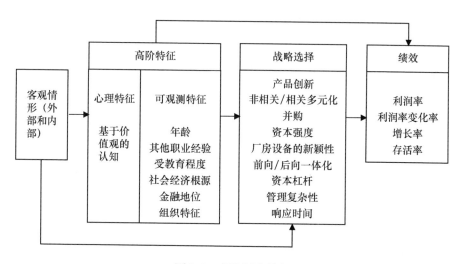

图 2.2　高阶理论观点

资料来源：Hambrick, D. C., Mason, P. A., "Upper Echelons: The Organization as a Reflection
of Its Top Managers", *Academy of Management Review*, Vol. 9, No. 2, 1984, pp. 193–206.

---

① 田虹、潘楚林：《前瞻型环境战略对企业绿色形象的影响研究》，《管理学报》2015 年第
12 卷第 7 期，第 1064—1071 页。

② Hambrick, D. C., Mason, P. A., "Upper Echelons: The Organization as a Reflection of Its
Top Managers", *Academy of Management Review*, Vol. 9, No. 2, 1984, pp. 193–206.

③ Carpenter, M. A., Geletkancz, M. A., Sanders, W. G., "Upper Echelons Research Revisi-
ted: Antecedents, Elements, and Consequences of Top Management Team Composition", *Journal of Man-
agement*, Vol. 30, No. 6, 2004, pp. 749–778.

随着环境的不断恶化和政府、公众等对自然环境问题的关注，企业的环境行为受到了广泛讨论，众多学者从战略高度研究和分析了企业的环境行为。企业环境战略的影响因素、环境战略的选择和实施过程中管理者的作用至关重要①②。管理者的认知、态度、承诺、对环境问题的解释、价值观对于企业环境战略的选择存在至关重要的影响。

以高阶理论为研究基础，众多战略学者从高管个体水平、高管团队（TMT）水平、组织水平、行业水平等方面展开对认知的研究③，其中个体水平层面主要从企业高层管理者，尤其是 CEO 的认知结构、认知过程对企业战略选择展开研究。Sharma、Pablo 和 Vredenburg 通过对加拿大石油行业的 7 家公司的访谈、调查和分析，识别了其过去 15 年的环境响应战略（反应型环境战略、前瞻型环境战略），回答了什么因素影响环境问题的管理者解释以及管理者解释怎样影响公司环境反应战略。④ 而后，Sharma 以加拿大 99 家石油和天然气行业企业为研究对象，分析了管理者环境问题解释与企业环境战略选择间的关系⑤。研究发现，管理者越将面临的环境问题解释为机会，该企业越可能采取自愿的环境战略（Voluntary Environmental Strategy），管理者越将面临的环境问题解释为威胁，该企业越可能采取服从的环境战略（Conformance Environmental Strategy）；Delmas 等以来自法国的 5220 个公司的 10663 名员工为研究对象，分析了公司环境承诺（自愿环境标准的实施）与员工行为的关系⑥。研究发现，绿

---

① Bansal, P., "Evolving Sustainably: A Longitudinal Study of Corporate Sustainable Development", *Strategic Management Journal*, Vol. 26, No. 3, 2005, pp. 197 –218.

② Sharma, S., Vredenburg, H., "Proactive Corporate Environmental Strategy and the Development of Competitively Valuable Organizational Capabilities", *Strategic Management Journal*, Vol. 19, No. 8, 1998, pp. 729 –753.

③ Narayanan, V. K., Zane, L. J., Kemmerer, B., "The Cognitive Perspective in Strategy: An Integrative Review", *Journal of Management*, Vol. 37, No. 1, 2011, pp. 305 –351.

④ Sharma, S., Pablo, A. L., Vredenburg, H., "Corporate Environmental Responsiveness Strategies: The Importance of Issue Interpretation and Organizational Context", *Journal of Applied Behavioral Science*, Vol. 35, No. 1, 1999, pp. 87 –108.

⑤ Sharma, S., "Managerial Interpretations and Organizational Context as Predictors of Corporate Choice of Environmental Strategy", *Academy of Management Journal*, Vol. 43, No. 4, 2000, pp. 681 –697.

⑥ Delmas, M. A., Pekovic, S., "Environmental Standards and Labor Productivity: Understanding the Mechanisms That Sustain Sustainability", *Journal of Organizational Behavior*, Vol. 34, No. 2, 2013, pp. 230 –252.

色程度越高的企业，员工的生产效率越高；环境标准的实施能够提升员工的培训和员工的人际关系，进而提升员工的生产效率。Lewis 等根据美国 2002—2008 年的 589 个企业的 2157 个企业－年度观察值，以碳披露项目（Carbon Disclosure Project）为研究情景，检验了 CEO 特征对企业采取自愿环境信息披露的影响，回答了为什么面对相似制度压力的企业会采取不同的环境战略[①]。研究发现，CEO 的教育背景和任期影响企业信息披露的可能性，新任命的 CEO 和拥有 MBA 学历的 CEO 更可能对碳披露项目做出反应；拥有法律学历的 CEO 所在企业更不愿意自愿披露环境信息。

管理认知是企业一种独特的资源[②]，能增加或减少企业价值[③]，和苏超、黄旭和陈青以 207 家重污染行业企业为研究对象，以管理者环境认知为企业内部因素，商业环境不确定性为外部因素，研究了内外部因素共同作用对前瞻型环境战略的影响；并分析了前瞻型环境战略对企业环境绩效和财务绩效的影响[④]。作者利用层次回归研究发现，管理者环境认知是企业采取前瞻型环境战略的重要影响因素，当管理者认为自然环境问题是企业发展机会时，更容易实施前瞻型环境战略。

（六）多种理论相结合的研究

近年来，学者们对企业的环境行为给予极大关注，从制度压力如何导致企业形成同质的环境战略到企业面对相同或相似的压力为何会形成不同的环境战略，学者们不仅仅从某一理论角度对企业环境战略展开探讨，更是将几种理论相结合对企业的环境行为进行较为全面的研究。

---

① Lewis, B. W., Walls, J. L., Dowell, G. W. S., "Difference in Degrees: CEO Characteristics and Firm Environmental Disclosure", *Strategic Management Journal*, Vol. 35, No. 5, 2013, pp. 712–722.

② Narayanan, V. K., Zane, L. J., Kemmerer, B., "The Cognitive Perspective in Strategy: An Integrative Review", *Journal of Management*, Vol. 37, No. 1, 2011, pp. 305–351.

③ Walsh, J. P., "Managerial and Organizational Cognition: Notes from a Trip Down Memory Lane", *Organization Science*, Vol. 6, No. 3, 1995, pp. 280–321.

④ 和苏超、黄旭、陈青：《管理者环境认知能够提升企业绩效吗？——前瞻型环境战略的中介作用与商业环境不确定性的调节作用》，《南开管理评论》2016 年第 19 卷第 6 期，第 49—57 页。

　　Aragón-Correa 等通过对权变理论、动态能力理论、自然资源基础观等文献的整合，从理论上分析了一般商业竞争环境的维度如何影响管理商业 – 自然环境关系中动态能力及前瞻型环境战略的发展；解释了环境不确定性、环境复杂性、环境丰富性等一般商业环境特性在对动态能力的前瞻型环境战略与竞争优势关系间的调节作用[1]。从权变角度解释了为什么拥有相似资源的公司形成不同的环境战略，及拥有相似环境战略的公司为什么获得不同水平的竞争优势；Branzei、Ursacki-Bryant、Vertinsky 和 Zhang 整合控制理论、承诺升级理论和目标理论，以 1996 年中国上海的 360 家企业为研究样本，解释了领导认知如何影响公司绿色价值负载问题的异常反应[2]。作者提出了一个连接公司行动的领导行为原则的迭代模型，并利用所得数据对模型进行了验证。研究发现，支持早期成功或失败的新战略实施的高管会调整他们努力去适应早期战略反馈；满意绩效的感知强化了领导对于初始目标的努力，感知绩效的不满意则会减弱领导的努力程度。模型还检验了当领导者面对绩效失败信号而减少努力程度时，自上而下和自下而上战略积极性能够共同帮助公司维持良好的变革动力。

　　Clemens 等将制度理论与资源基础观相结合，探讨了外部强制力量、内部资源与自愿绿色实践（Voluntary Green Initiatives）间的关系[3]。制度理论强调企业仅仅在政府强制要求下才会表现出有良心的行为，然而，最近有学者发现没有强制力量情况下，企业仍会实施自愿绿色实践。为此，作者利用 107 家美国钢铁企业的问卷数据进行分析，研究发现，强制力量与自愿绿色实践存在积极关系，但这一关系依赖于聚焦在公司水平环境战略的资源优势；企业内部资源优势与自愿绿色实践存在积极关系；企业内部资源抑制了外部强制力量与自愿绿色实践的关系，即在与环境

　　[1]　Aragón-Correa, J. A., Sharma, S., "Contingent Resource-based View of Proactive Corporate Environmental Strategy", *Academy of Management Review*, Vol. 28, No. 1, 2003, pp. 71 – 88.

　　[2]　Branzei, O., Ursacki-Bryant, T. J., Vertinsky, I., Zhang, W., "The Formation of Green Strategies in Chinese Firms: Matching Corporate Environmental Responses and Individual Principles", *Strategic Management Journal*, Vol. 25, No. 11, 2004, pp. 1075 – 1095.

　　[3]　Clemens, B., Douglas, T. J., "Does Coercion Drive Firms to Adopt 'Voluntary' Green Initiatives? Relationships Among Coercion, Superior Firm Resources, and Voluntary Green Initiatives", *Journal of Business Research*, Vol. 59, No. 4, 2005, pp. 483 – 491.

战略相关的资源优势企业中，强制力量与自愿绿色实践的关系变弱或是不存在；Bansal 将资源基础观和制度理论相结合，以 1986—1995 年间加拿大的石油和天然气行业、采掘业和林业的 45 家企业为研究样本，解释了为什么公司承诺实施可持续发展以及承诺随着时间变化的原因，并阐述了环境完整性（Environmental Integrity）、社会公平性（Social Equity）、经济繁荣性（Economic Prosperity）等可持续发展三原则在加拿大石油和天然气行业、采掘业和林业的表现。并分析了基于资源基础观变量（跨国经验、资本管理能力、组织冗余）、基于制度理论变量（处罚、模仿、媒体关注）分别与可持续发展的关系；以及随着时间的变化、将发生怎样的变化[1]。研究发现，跨国经验、媒体关注、模仿和公司规模对公司可持续发展存在显著正向影响；净资产收益率与公司可持续发展存在负向影响；随着时间推移，媒体关注和组织冗余对公司可持续发展重要性在降低；跨国经验在时间相关效应中不存在显著影响，说明其可能在早期和晚期对公司可持续发展存在显著影响。

Julian、Ofori-Dankwa 和 Justis 通过整合制度理论、资源依赖理论、资源基础观和认知理论的观点，以 19 世纪 90 年代早期国家心脏保护协会（National Heart Saver's Association）这一利益集团开展的餐饮行业减脂活动为研究对象，分析了利益集团压力下公司的战略反应问题[2]。研究发现，制度压力的敏感性部分影响国家心脏保护协会的住宿需求，对利益集团压力的组织认知存在强烈影响；资源依赖因素并未对住宿需求产生直接影响，但对管理认知存在显著影响；资源基础因素对利益集团压力的住宿需求程度存在较强的直接影响，并部分影响管理认知；并且管理认知对利益集团压力下组织反应存在显著影响。Berrone 和 Gomez-Mejia 基于制度理论、代理理论和环境管理相关文献，提出了重污染行业具备良好环境绩效的公司能够促进 CEO 薪酬的增加、环境治理机制强化了公司环境绩效与 CEO 薪酬的正向影响、污染防治战略对于管理者薪酬的影响

[1] Bansal, P., "Evolving Sustainably: A Longitudinal Study of Corporate Sustainable Development", *Strategic Management Journal*, Vol. 26, No. 3, 2005, pp. 197-218.

[2] Julian, S. D., Ofori-Dankwa, J. C., Justis, R. T., "Understanding Strategic Responses to Interest Group Pressures", *Strategic Management Journal*, Vol. 29, No. 9, 2008, pp. 963-984.

强于末端治理的污染控制战略，并且长期薪酬增加了污染防治战略的成功实施的假设①。并以 1997—2003 年间的 469 家污染行业的美国上市公司为样本证实了其中三个假设；与不存在明确环境薪酬政策和环境委员会的公司相比，存在明确环境薪酬政策和环境委员会的公司并没有显著的环境战略，说明其仅仅具有象征性作用。Menguc、Auh 和 Ozanne 发现关于前瞻型环境战略内部驱动因素和外部驱动因素的交互作用以及前瞻型环境战略对于绩效的影响等仍需进一步探析。为此，作者以新西兰制造业公司为研究对象，将以资源基础观为理论基础的内部驱动因素与以制度理论、合法性理论为理论基础的外部驱动因素相结合，利用问卷调查获得的 150 份问卷分析了内外部因素对于前瞻型环境战略的影响②。研究发现，创业导向能够显著促进公司前瞻型环境战略的实施；政府规制强度对创业导向与前瞻型环境战略的关系起到显著的调节作用，但政府规制强度对前瞻型环境战略不存在直接的积极影响；而消费者对于环境问题的敏感性的调节作用并不显著，但却对前瞻型环境战略存在直接的显著影响；前瞻型环境战略对企业绩效（销售增长率、利润增长率）存在显著的积极影响。

Clemens 和 Bakstran 以两个理论角度（战略选择理论和资源基础观）和两个战略目的（利益相关者和股东）为基础，提出了研究企业环境战略、环境绩效及财务绩效关系的理论框架③。作者根据两个理论角度和两个战略目的提出了四个研究主题：结合资源基础观和利益相关者战略目的，企业环境战略分别对环境绩效、财务绩效存在直接影响；利益相关者战略目的通过资源基础观的理论视角导致企业环境绩效在企业环境战略与财务绩效关系中存在中介作用；基于股东的战略目的和战略选择理

---

① Berrone, P., Gomez-Mejia, L. R., "Environmental Performance and Executive Compensation: An Integrated Agency-institutional Perspective", *Academy of Management Journal*, Vol. 52, No. 1, 2009, pp. 103 – 126.

② Menguc, B., Auh, S., Ozanne, L., "The Interactive Effect of Internal and External Factors on a Proactive Environmental Strategy and Its Influence on a Firm's Performance", *Journal of Business Ethics*, Vol. 94, No. 2, 2010, pp. 279 – 298.

③ Clemens, B., Bakstran, L., "A Framework of Theoretical Lenses and Strategic Purposes to Describe Relationships among Firm Environmental Strategy, Financial Performance and Environmental Performance", *Management Research Review*, Vol. 33, No. 4, 2010, pp. 393 – 405.

论导致企业财务绩效在企业环境战略与环境绩效关系中存在中介作用；股东的战略目的通过资源基础观的理论透镜导致企业财务绩效中介企业环境战略与环境绩效的关系，且环境绩效对财务绩效存在直接影响。Sarkis、Gonzalez-Torre 和 Adenso-Diaz 发现以往研究很少有针对环境培训在采取多样环境操作实践中的作用展开分析的，为此，作者以西班牙汽车企业为研究对象，利用制度理论和资源基础观中的动态能力理论，利用因子分析和结构方程模型探讨了环境导向的培训项目在利益相关者压力和公司前瞻型环境实践关系中的中介作用[1]。研究中作者区分了三种前瞻型环境实践：生态设计实践、资源减少实践和环境管理系统实践。研究发现，对于西班牙汽车行业企业而言，环境导向的培训项目完全中介利益相关者压力与企业采取的生态设计实践、资源减少实践、环境管理系统实践等三种主要环境实践。Aguilera-Caracuel、Aragón-Correa、Hurtado-Torres 和 Rugman 以来自美国、加拿大、墨西哥、法国和西班牙 5 个国家的化工、能源和石油、机械等行业的 135 家跨国公司为研究对象，结合制度理论和资源基础观，分析了外部因素（总部和子公司所在国的环境制度距离）和内部因素（跨国公司总部财务绩效）对跨国公司环境标准化战略的影响[2]。研究发现，母公司和子公司间较低的环境制度距离能够帮助跨国公司快速获得合法性，及时推广环境标准；跨国公司总部较高的财务绩效促使其更愿意投入精力和资源在跨国公司内部形成环境标准化途径；跨国公司总部较高的财务绩效能够减轻高环境制度距离对于跨国公司内部环境标准化的消极影响；Berrone、Fosfuri、Gelabert 和 Gomez-Mejia 结合制度理论和资源基础观及创新等文献，以 1997—2001 年美国 20 个重污染行业的 326 家公开上市公司为研究对象，回答了"为什么一些企业会比其他企业更注重环境创新，在什么情况下这些企业会追求环

---

① Sarkis, J., Gonzalez-Torre, P., Adenso-Diaz, B., "Stakeholder Pressure and the Adoption of Environmental Practices: The Mediating Effect of Training", *Journal of Operations Management*, Vol. 28, No. 2, 2010, pp. 163 – 176.

② Aguilera-Caracuel, J., Aragón-Correa, J. A., Hurtado-Torres, N. E., Rugman, A. M., "The Effects of Institutional Distance and Headquarters' Financial Performance on the Generation of Environmental Standards in Multinational Companies", *Journal of Business Ethics*, Vol. 105, No. 4, 2012, pp. 461 – 474.

境创新？"等问题①。研究发现，来自政府更强的规制压力和非政府组织的规范压力会使环境创新对焦点公司更具有吸引力；面对相似规制压力和规范压力时，并非所有企业反应一致，比同行业其他企业污染更严重的企业将受到批评；表现不佳的企业对于制度压力更加敏感，会更加努力地寻求创新方式解决环境问题；当企业拥有足够的内部冗余资源以及以企业特定资产进行较大投资时，更会追求环境创新。

Liu 等通过对 68 个研究中的 71 个样本进行的元分析，为前瞻型环境战略的研究提供了较全面的框架，探讨了政府规制、利益相关者规范、管理者心态等三个前因变量对前瞻型环境战略及对企业绩效的不同影响②。研究发现，在西方国家，高层管理者的心态对企业采取前瞻型环境战略有着最强烈的影响，政府规制影响最弱，而在中国，政府规制、利益相关者规范和管理者心态对于采取前瞻型环境战略存在相似的影响；对于西方公司而言，相比对企业财务绩效的影响，前瞻型环境战略对于环境绩效影响更强，且强于中国企业前瞻型环境战略对环境绩效的影响，对于中国企业而言，前瞻型环境战略对于环境绩效和财务绩效存在同样的积极影响，且对于财务绩效的影响强于西方企业。Wu 发现以往的研究中认同跨国公司与当地公司有着同样的自我规制强度，忽略了跨国公司与当地公司的在自我规制方面的显著差异，且新兴市场的本土公司对异质性消费者（本地消费者和跨国公司消费者）的不同需求的影响仍研究不足；此外，作者发现对于特定利益相关者的内部异质性以及对于特定利益相关者的内部异质性与本地公司环境政策变化关系缺乏实证研究。为此，作者结合资源依赖理论、利益相关者理论和环境管理能力的相关文献，利用来自中国的 1215 个制造企业/公司，研究了消费者压力异质性与不同程度环境政策间的关系③。研究发现，消费者压力

---

① Berrone, P., Fosfuri, A., Gelabert, L., Gomez-Mejia, L. R., "Necessity as the Mother of 'Green' Inventions Institutional Pressures and Environmental Innovations", *Strategic Management Journal*, Vol. 34, No. 8, 2013, pp. 891 - 909.

② Liu, Y., Guo, J., Chi, N., "The Antecedents and Performance Consequences of Proactive Environmental Strategy: A Meta-analytic Review of National Contingency", *Management and Organization Review*, Vol. 11, No. 3, 2015, pp. 521 - 557.

③ Wu, J., "Differentiated Customer Pressures and Environmental Policies in China", *Business Strategy and the Environment*, Vol. 24, No. 3, 2015, pp. 175 - 189.

能够显著促进公司实施可持续发展的环境政策；来自不同消费者的环境压力对企业环境行为存在不同影响；与当地消费者压力相比，来自跨国消费者的压力对中国当地供应商采取污染防治战略存在更为强烈的影响。

国内学者叶强生和武亚军以制度理论、激励理论、资源基础观和利益相关者理论为理论出发点，分析了转型经济中中国不同类型企业的环境战略动机[①]。通过对 119 份问卷的实证分析发现，我国企业主要的环境战略动机在于遵循规制和监管，且与国有企业相比，私营企业更加重视经济效益优化；李永波以资源基础观和能力理论为基础，根据波特（Porter）的定位理论和企业环境驱动力的作用层次，提出了企业环境战略形成机制的框架体系（如图 2.3）[②]。该体系以"压力—状态—响应（PSR）"模型为思路，从绿色消费、环境规制、市场结构、内部驱动和制度影响 5 个层面展开，揭示了多重压力下企业的环境战略行为机理；杨德锋等从利益相关者角度和管理者认知、个人环保意识角度出发，利用采掘业、制造业和电力、煤气、水生产和供应业的 134 家上市企业的数据，分析了利益相关者、管理认知对企业环境战略的影响[③]。研究发现，管制利益相关者和次要利益相关者中的媒体对企业的环境战略选择存在主要压力；管理者越将环境问题解释为商业机会、管理者环境意识越强，企业越可能采取前瞻型环境战略。杨静、刘秋华和施建军以江苏省2007—2010 年的上市公司为研究对象，以自然资源基础观和互补性资产理论为基础，实证检验了绿色创新战略与企业价值的关系，并检验了创新能力、冗余资源（沉淀性冗余资源和非沉淀性冗余资源）对绿色创新战略与企业价值的调节作用[④]；潘楚林和田虹根据利益相关者理论、自然资源基础观和领导力理论，探讨了利益相关者压力、企业环境

---

① 叶强生、武亚军：《转型经济中的企业环境战略动机：中国实证研究》，《南开管理评论》2010 年第 13 卷第 3 期，第 53—59 页。

② 李永波：《企业环境战略的形成机制：基于微观动力视角的分析框架》，《管理学报》2012 年第 9 卷第 8 期，第 1233—1238 页。

③ 杨德锋、杨建华、楼润平、姚卿：《利益相关者、管理认知对企业环境保护战略选择的影响——基于我国上市公司的实证研究》，《管理评论》2012 年第 24 卷第 3 期，第 140—149 页。

④ 杨静、刘秋华、施建军：《企业绿色创新战略的价值研究》，《科研管理》2015 年第 36 卷第 1 期，第 18—25 页。

伦理与前瞻型环境战略的关系①。通过对227家环保压力较大的制造业
企业的实证分析发现，利益相关者压力对企业环境伦理、前瞻型环境战
略均存在显著正向影响；企业环境伦理对前瞻型环境战略存在显著正向
影响，且在利益相关者压力与前瞻型环境战略关系中起到中介作用，竞
争优势期望对两者关系起到显著的正向调节作用；管理者道德动机显著
正向调节利益相关者压力对企业环境伦理的影响；环境领导力在企业环
境伦理与前瞻型环境战略的关系中起到显著正向调节作用。

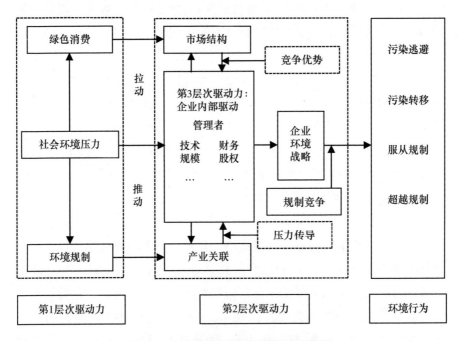

图2.3 企业环境战略形成机制分析框架

资料来源：李永波：《企业环境战略的形成机制：基于微观动力视角的分析框架》，《管理学
报》2012年第9卷第8期，第1233—1238页。

此外，也有学者从其他视角对环境战略展开了研究，如 Kassinis 等从
资源依赖理论（Resource Dependence Theory）②，Banerjee 等运用扎根理

① 潘楚林、田虹：《利益相关者压力、企业环境伦理与前瞻型环境战略》，《管理科学》
2016年第29卷第3期，第38—48页。

② Kassinis, G., Vafeas, N., "Stakeholder Pressures and Environmental Performance", *Academy
of Management Journal*, Vol. 49, No. 1, 2006, pp. 145–159.

论分析了法国核电公司如何将持续发展融入企业环境战略中[①]，Wu 等从联盟的角度检验了供应链战略、企业环境战略和企业绩效间的多重关系[②]，Murillo-Luna 等从企业采取前瞻型环境战略的困难和障碍角度进行了研究[③]。

国内学者杨德锋和杨建华根据环境战略的形成和影响，通过对现有文献的回顾和总结，从环境战略的内容、类型、驱动力（外部利益相关者压力、内部管理者认知）和组织影响（组织能力提升效应、竞争优势获得效应、财务绩效改善效应）等方面探讨了企业环境战略问题[④]；闫娜和罗东坤认为，环境战略是在企业外部因素（政府法律法规、民众法律意识）与内部因素（企业环境态度、发展战略、执行能力）共同作用下产生的。作者以壳牌公司为研究案例，分析了其环境战略选择和执行情况，发现外部因素的制约促进了企业积极的环境态度，内部相关能力对企业环境战略存在制约作用[⑤]；王俊豪和李云雁以浙江纺织行业为研究对象，探讨了民营企业环境战略导向与创新行为间的关系[⑥]。作者根据企业对待自然环境与环境管制的差异，将企业环境战略导向分为防御型、主动型两种类型，将企业绿色创新行为分为绿色工艺创新和绿色产品创新。通过对 78 份有效问卷的实证研究发现，与"防御型"民营企业相比，"主动型"民营企业更倾向于采取绿色产品创新或绿色工艺创新；薛求知、伊晟从战略匹配角度出发，分析了企业环境战略与经营战略匹

① Banerjee, S. B., Bonnefous, A-M., "Stakeholder Management and Sustainability Strategies in the French Nuclear Industry", *Business Strategy and the Environment*, Vol. 20, No. 2, 2011, pp. 124 – 140.

② Wu, T., Jim, Wu, Y-C., Chen, Y. J., Goh, M., "Aligning Supply Chain Strategy with Corporate Environmental Strategy: A Contingency Approach", *International Journal of Production Economics*, Vol. 147, No. 1, 2014, pp. 220 – 229.

③ Murillo-Luna, J. L., Garcés-Ayerbe, C., Rivera-Torres, P., "Barriers to the Adoption of Proactive Environmental Strategies", *Journal of Cleaner Production*, Vol. 19, No. 13, 2011, pp. 1417 – 1425.

④ 杨德锋、杨建华：《企业环境战略研究前沿探析》，《外国经济与管理》2009 年第 31 卷第 9 期，第 29—37 页。

⑤ 闫娜、罗东坤：《从壳牌公司的环境关注看企业环境战略的制约因素》，《企业经济》2009 年第 4 期，第 63—66 页。

⑥ 王俊豪、李云雁：《民营企业应对环境管制的战略导向与创新行为——基于浙江纺织行业调查的实证分析》，《中国工业经济》2009 年第 9 期，第 16—26 页。

配对于企业环境绩效和经验绩效的影响①。

第二节　管理者解释的相关研究

一　管理者解释的理论基础

在企业经营过程中，管理者每天都在面对外部复杂的环境和内部资源能力的约束等众多问题，而管理者的时间和精力有限，需要根据自己的经验和知识作出判断，有的放矢，识别企业面临的战略决策问题，规划企业未来的发展途径。所谓战略问题是指对企业组织内部或外部未来发展拥有重要影响，帮助组织实现其目标的能力②。战略问题强调对组织现在或未来的发展存在潜在影响的事件③，Weick 认为，对战略问题的解释意味着管理者感知到的产品问题被归于战略问题④，不同组织决策者对于相同战略问题存在解释差异，导致为应对战略问题而采取不同的战略行动⑤。

不同的管理者对于战略问题有着不同的认知和分类，分类理论（Categorization Theory）在决策制定者对战略问题的分类中得到了较广泛的应用。分类理论最早由 Roach 和其同事提出⑥，用于解释对形成自然对象潜

　　①　薛求知、伊晟：《环境战略、经营战略与企业绩效——基于战略匹配视角的分析》，《经济与管理研究》2014 年第 10 期，第 99—108 页。

　　②　Ansoff, H. I., "Strategic Issue Management", *Strategic Management Journal*, Vol. 1, No. 2, 1980, pp. 131 – 148.

　　③　Dutton, J. E., Jackson, S. E., "Categorizing Strategic Issues: Links to Organizational Action", *Academy of Management Review*, Vol. 12, No. 1, 1987, pp. 76 – 90.

　　④　Weick, K. E., *Sensemaking in Organizations*, Thousand Oaks, GA: Sage, 1995.

　　⑤　Ginsberg, A., Venkatraman, N., "Investing in New Information Technology: The Role of Competitive Posture and Issue Diagnosis", *Strategic Management Journal*, Vol. 13, No. S1, 1992, pp. 37 – 53; Thomas, J. B., Glark, S. M., Gioia, D. A., "Strategic Sensemaking and Organizational Performance: Linkages among Scanning, Interpretation, Action, and Outcomes", *Academy of Management Journal*, Vol. 36, No. 2, 1993, pp. 239 – 270; Thomas, J. B., McDaniel, R. R., "Interpreting Strategic Issues: Effects of Strategy and the Information-processing Structure of Sop Management Teams", *Academy of Management Journal*, Vol. 33, No. 2, 1990, pp. 286 – 306.

　　⑥　Rosch, E., "Cognitive Reference Points", *Cognitive Psychology*, No. 7, 1975, pp. 532 – 547; Rosch, E., Mervis, C., "Family Resemblances: Studies in the Internal Structure of Categories", *Cognitive Psychology*, No. 7, 1975, pp. 573 – 605; Mervis, C. B., Rosch, E., "Categorization of Natural Objects", *Annual Review of Psychology*, Vol. 32, No. 10, 1981, pp. 89 – 115.

在概念的认知过程。决策制定者基于对对象（问题）的特征或属性的观察形成认知分类，认知分类则根据相似的目标结构而成，通过将目标分为有意义的群组，能够减少外部世界刺激的复杂性，受到个体的依赖；分类系统主要包括垂直维度和水平维度，其中垂直维度包括高级层次、基础层次和次要层次，并且每一个高层次包括下一层次；同一垂直层次的分类形成了水平层次维度。

　　分类理论属于认知理论的一种，组织中认知分类能够更有效地存储信息，能够就模糊的战略问题进行更充分、紧急的交流，因此，为战略决策制定者所采用。Dutton 和 Jackson 将分类理论扩展到决策制定者如何对战略问题进行标签（label）、解释和回应①。战略问题标签和分类以及最终组织行动整合关系的概念模型解释了认知过程如何影响行为的心理学家的观点。整合后，形成了将问题标签和组织行动相联系的简易模型，模型中组织环境被描述为一组事件、趋势和发展。由于信息能力的限制和个体、组织的过滤，决策制定者并不能感知到所有的环境事件，其中个体可能根据以往经验进行选择，组织过滤则可能反映了组织的战略。穿过滤网的问题将被标签和分类，标签以认知分类为基础，认知分类既影响理性认知过程又影响决策者的情感反应；问题分类的解释和信息过程转化为如何解决问题（组织内部问题解决过程和解决问题采取的最终行动）。

　　认知过程能够帮助解释决策制定者对问题标签如何最终影响组织的反应，组织对战略问题的反应包括内部反应、外部反应以及反应幅度。内部反应使用组织内部战略处理面对的战略问题；外部反应使用组织内部的技术。与组织外部反应相比，由于高层管理者对企业战略拥有决定权，使内部反应更容易实施。机会和威胁中与控制相关的属性对组织战略问题反应目标存在直接影响，个体对于威胁的反应存在相似的逻辑，当外部环境不可控时，适应可能是最好的反应，而适应需要改变自己；内部反应被认知和情感驱动，当个体对于控制结果的能力具备信心时，外部直接、积极的反应更普遍。当组织为分析单元，标签为威胁的低控

---

　　① Dutton, J. E., Jackson, S. E., "Categorizing Strategic Issues: Links to Organizational Action", *Academy of Management Review*, Vol. 12, No. 1, 1987, pp. 76 - 90.

制状态时，促使决策制定者将注意力集中于改变内在组织过程，以便适应环境；标签为机会的高控制情形，意味着决策制定者对自己的能力充满信心，能够影响外部环境的变化，外在直接行动更可能发生。当组织决策制定者将战略问题标签为威胁时，更可能采取较大幅度的行动作出反应；当组织决策制定者将战略问题标签为机会时，更可能采取较小幅度的战略反应。

二　管理者解释内涵与分类

环境中感知的问题是模糊的，需要进行解释[①]，这些问题怎样被解释依赖于管理者感知到的特征和问题呈现的特征，组织决策制定者将环境扫描的结果、特定问题的确认与自身认知的结构进行对比，进而对战略问题进行解释。所谓管理者解释是指其在环境中感知到的事件和其他信息的过程[②]，在这一过程中管理者决定哪些事件或信息将被注意或被忽略。

战略管理相关文献认为，机会和威胁是两个突出的战略问题分类，经常为战略决策制定者所使用，成为组织正式惯例和程序的结晶。Dutton和Jackson总结了战略问题中对于外部环境解释的重要分类标签——"威胁解释"和"机会解释"[③]。机会解释是指管理者感知到的积极外部环境所提供的可能收益和合理控制；威胁解释是指管理者感知到的消极外部环境所导致的可能损失和相对较少的控制。两种解释系统的影响趋向于不同目标和不同幅度的战略行动方向。其根据管理者战略问题解释识别了决策者是否以消极或积极（Negative-Positive）方式评估问题、决策者是不是将其看作潜在的损失或获益（Loss-Gain）、决策者是不是将其识别为不可控或可控（Uncontrollable-Controllable）三个标签，以对战略问题做出威胁或机会的判断。Thomas等在描述战略问题时，验证了消极－积极、

①　Daft, R. L., Weick, K. E., "Toward a Model of Organizations as Interpretation Systems", *Academy of Management Review*, Vol. 9, No. 2, 1984, pp. 23 – 31.

②　Dutton, J. E., Fahey, L., Narayanan, V. K., "Toward Understanding Strategic Issue Diagnosis", *Strategic Management Journal*, Vol. 4, No. 4, 1983, pp. 307 – 323.

③　Dutton, J. E., Jackson, S. E., "Categorizing Strategic Issues: Links to Organizational Action", *Academy of Management Review*, Vol. 12, No. 1, 1987, pp. 76 – 90.

损失－获益、不可控－可控之间的相关性，发现消极－积极、损失－获益操作上难以区分，且高度相关（r＝0.9），应该合并成一个维度，并将两者合并，采取了消极－积极维度①。

威胁僵化假设（Threat-rigidity Hypothesis）提倡组织学者关注管理者对于机会和威胁的反应②，机会解释与积极结果和获得预期相关③，对管理者存在心理上的影响，增加了管理者积极认知和动机，强化了管理者感知到的控制，在心理上超过了感知威胁的影响。特别是，机会认知提升了管理者对于应对不确定性的信心以及实现渴望目标结果的能力④，机会解释与掌握整体情况有关，允许组织超越日常惯例以获得控制机会，促进更大的冒险行为⑤，更倾向于更强的资源承诺⑥，更可能去追求外部直接的组织行动；面对威胁时，组织趋向于追求例行活动（Routine Activities）的僵化⑦，管理者感知到威胁可能导致其心理上的压力和焦虑，引起撤退、收缩控制、资源保存和信息过程的限制（缩小关注的领域、简化信息编码、减少渠道使用数量等）。威胁解释情况下，管理者面对消极结果的风险，更少的情形控制能力，往往会趋向风

①　Thomas, J. B., McDaniel, R. R., "Interpreting Strategic Issues: Effects of Strategy and the Information-processing Structure of Sop Management Teams", *Academy of Management Journal*, Vol. 33, No. 2, 1990, pp. 286 – 306.

②　George, E., Chattopadhyay, P., Sitkin, S. B., Barden, J., "Cognitive Underpinnings of Institutional Persistence and Change: A Framing Perspective", *Academy of Management Review*, Vol. 31, No. 2, 2006, pp. 347 – 365.

③　Jackson, S. E., Dutton, J. E., "Discerning Threats and Opportunities", *Administrative Science Quarterly*, Vol. 33, No. 3, 1988, pp. 370 – 387.

④　Thomas, J. B., Glark, S. M., Gioia, D. A., "Strategic Sensemaking and Organizational Performance: Linkages among Scanning, Interpretation, Action, and Outcomes", *Academy of Management Journal*, Vol. 36, No. 2, 1993, pp. 239 – 270.

⑤　George, E., Chattopadhyay, P., Sitkin, S. B., Barden, J., "Cognitive Underpinnings of Institutional Persistence and Change: A Framing Perspective", *Academy of Management Review*, Vol. 31, No. 2, 2006, pp. 347 – 365.

⑥　White, J. C., Varadarajan, P. R., Dacin, P. A. "Market Situation Interpretation and Response: The Role of Cognitive Style, Organizational Culture, and Information Use", *Journal of Marketing*, Vol. 67, No. 3, 2003, pp. 63 – 79.

⑦　Staw, B., Sandelands, L. E., Dutton, J. E., "Threat Rigidity Effects in Organizational Behavior: A Multilevel Analysis", *Administrative Science Quarterly*, Vol. 26, No. 4, 1981, pp. 501 – 524.

险规避①②，严格遵循狭窄的、熟悉的或成熟的行动，增加了对组织成熟惯例的依赖③。威胁解释诱发了管理者防御心态，大幅减少了广泛而深入的外部资源的承诺搜索，更可能追求更可控、低风险的内在直接的组织行动。

借鉴 Dutton、Fahey 和 Narayanan 等人对管理者解释的定义，本研究将管理者解释界定为管理者对于企业面临的自然环境问题的识别和判断的过程；借鉴 Dutton 和 Jackson 等对管理者解释维度的划分，本研究将管理者对自然环境问题的解释划分为管理者自然环境机会解释和管理者自然环境威胁解释：当管理者将面临的自然环境问题识别为企业的机会时，形成了管理者自然环境机会解释；当管理者认为企业面临的自然环境问题是企业发展的障碍、威胁时，即为管理者自然环境威胁解释。

三　管理者解释的影响因素

管理者对外部环境的解释依赖于外部环境扫描的结果、特定问题的确认以及自身认知的结构。有关解释的研究已经在个体、团体和组织层面展开：个体层面，研究者主要关注个体知识结构或图示对解释的影响④，强调人们知道什么，影响他们所能知道的，使用过去的经验、先前的知识、现在的图示框架以减少模糊性和意义创造⑤；团体层面，强调人们知道什么能够怎样影响其他人知道什么，聚焦在共享意义的创建和现实的同感效证⑥；组织层面，强调组织情景与管理者解释的关系。由于先前的理论、信念、结构和程序等主观构念对问题感知的差异，不同组织

①　Atuahene-Gima, K., Yang, H., "Market Orientation, Managerial Interpretation, and the Nature of Innovation Competence Development", *Academy of Management Annual Conference*, 2008.

②　Chattopadhyay, P., Glick, W. H., Huber, G. P., "Organizational Actions in Response to Threats and Opportunities", *Academy of Management Journal*, Vol. 44, No. 5, 2001, pp. 937 – 955.

③　Ocasio, W., "The Enactment of Economic Diversity: A Reconciliation of Theories of Failure Included Change and Threat-rigidity", In L. L. Cummings & B. M. Staw (eds.), *Research in Organizational Behavior*, 1995, 17, pp. 287 – 331. Greenwich, CT: JAI Press.

④　Sims, H. P., Gioia, D. A., *The Thinking Organization*, Computer Science Press, 1981.

⑤　Ramaprasad, A., Mitroff, I. I., "On Formulating Strategic Problems", *Academy of Management Review*, Vol. 9, No. 4, 1984, pp. 597 – 605.

⑥　Weick, K. E., *The Social Psychology of Organizing*, Reading, Mass: Addison-Wesley, 1979.

的管理者对于相同的战略问题可能存在不同的解释①。

Thomas 和 McDanial 发现，以往战略问题解释主要聚焦于不同组织管理者如何对多种战略问题进行解释，研究组织情境的解释成为必要。为此，作者利用来自医院的 151 份 CEO 问卷研究了组织情境与 CEO 战略问题解释间的关系，即高管团队的战略和信息加工结构、两个组织层面的因素如何与不同组织的高管对于相同情形的解释相关联②。研究发现，战略和信息加工结构与高管如何标签战略情形及不同解释的变化存在关联，高管信息加工结构（参与、互动、形式化）能力越强，CEO 越可能将战略问题解释为积极、获利、可控的机会；而后，Thomas 等分析了包括扫描、解释、行动的战略意义建构（Strategic Sensemaking）过程及其与企业绩效的关系③。使用来自医院的 156 份问卷数据，采用路径分析法验证了战略意会过程与绩效结果间的直接和间接效应。研究发现，高层管理者间更高水平的信息使用、外部扫描导向与管理者将战略问题解释为机会（积极、获益、可控）存在显著积极关系；高层管理者将战略问题标签为机会（积极、获益、可控）时，能够显著促进产品和服务的变化。

Martins 和 Kambil 以美国 103 家税务申报和提交的公司为研究对象，探索了管理者在行业中特定战略信息技术方面的经验对新信息技术相关的管理认知任务的影响，旨在评估积极和消极管理经验对将新信息技术视为威胁或机会框架、新信息技术反应感知的不确定性以及寻求新信息技术相关信息的影响④。作者通过实证分析发现，在电子文件技术方面具

---

① Lawrence, T. B., Hardy, C., Phillips, N., "Institutional Effects of Interorganizational Collaboration: The Emergence of Proto-institutions", *Academy of Management Journal*, Vol. 45, No. 1, 2002, pp. 281 – 290.

② Thomas, J. B., McDaniel, R. R., "Interpreting Strategic Issues: Effects of Strategy and the Information-processing Structure of Sop Management Teams", *Academy of Management Journal*, Vol. 33, No. 2, 1990, pp. 286 – 306.

③ Thomas, J. B., Glark, S. M., Gioia, D. A., "Strategic Sensemaking and Organizational Performance: Linkages among Scanning, Interpretation, Action, and Outcomes", *Academy of Management Journal*, Vol. 36, No. 2, 1993, pp. 239 – 270.

④ Martins, L. L., Kambil, A., *Learning from Experience: Managerial Interpretations of Past and Future Information Technologies*, Social Science Electronic Publishing, 1999, pp. 1 – 37.

备较高的积极经验和较低的消极经验的管理者趋向于将新信息技术框架解释为机会，引入电子文件技术使现金得以改善的企业趋向于将新信息技术解释为机会；Martins 和 Kambil 同样利用美国 103 家税务申报和提交的公司的问卷数据，分析了采用现有信息技术的成功对于新信息技术战略问题管理者解释的影响[1]。研究发现，公司通过采用现有信息技术获得极大战略收益的管理者更可能将新信息技术解释为机会，能够确定新信息技术对于公司的作用，即使用现有信息技术的成功导致了管理者对于新信息技术解释的积极偏见和信心；采用现有信息技术获得的成功对新信息技术管理者战略问题的解释并非同等影响，新信息技术的积极偏见和信心解释在拥有更多现有技术使用经验和那些没有参与新信息技术积极搜寻的企业管理者中影响更大。

Waarts 和 Wierenga 研究了竞争者对于新产品引入的反应受到可观察事件的特征和防御竞争者对竞争因素解释的影响，作者通过实证分析探索了管理者解释在事件特征和反应决策间的中介作用，分析了情景因素对于事件特征和管理者解释的调节作用[2]。作者认为，外部事件特征（事件行为特征、事件主体特征）通过管理者威胁感知影响组织竞争性反应。Chattopadhyay、Glick 和 Huber 检验了威胁和机会对不同组织行动的直接影响，分析了组织特征（战略类型、冗余资源）的调节作用[3]。根据威胁刻板假说和前景理论（Prospect Theory），将威胁和机会分为不同的维度：根据威胁刻板假说分为控制减弱的威胁、控制增强的威胁，根据前景理论分为可能损失的威胁、可能获利的机会。研究发现，控制较弱的威胁可能导致组织采取内部导向的行动（对组织目标、管理流程、人事制度、生产方式等的变革），可能损失的威胁导致组织采取外部导向的行动（如产品或市场的变革、调整与外部利益相关者关系等）。

——————————

① Martins, L. L., Kambil, A., "Looking Back and Thinking Ahead: Effects of Prior Success on Managers' Interpretations of New Information Technologies", *Academy of Management Journal*, Vol. 42, No. 6, 1999, pp. 652 –661.

② Waarts, E., Wierenga, B., "Explaining Competitors' Reactions to New Product Introductions: The Roles of Event Characteristics, Managerial Interpretation, and Competitive Context", *Marketing Letters*, Vol. 11, No. 1, 2000, pp. 67 –79.

③ Chattopadhyay, P., Glick, W. H., Huber, G. P., "Organizational Actions in Response to Threats and Opportunities", *Academy of Management Journal*, Vol. 44, No. 5, 2001, pp. 937 –955.

　　White、Varadarajan 和 Dacin 指出管理者的认知风格、组织文化和信息使用影响管理者感知市场形势的可控性，管理者感知的市场形势越是可控，越可能将这样的市场形势解释为机会，其反应幅度越大①。当市场管理者认知风格更多体现为外向性、判断型、直觉型、思考型，或管理者在特定情形下掌握更多市场信息以及与管理者感知到组织文化为层级式（Hierarchy）或市场型（Market）相比，组织文化更灵活（Adhocracy）、家族化（Clan）的，管理者感知到的市场形势更加可控，更可能将外部环境视为机会。

　　Sung 和 Hwang 基于管理者解释相关文献，分析了社会政治 – 经济力量和管理者解释对韩国企业采取转基因生物（Genetically Modified Organisms）意图的影响②。作者利用结构方程模型对收集到的 145 个制造业公司的数据分析发现，市场吸引力对社会接受和管理者解释存在主要影响，而对于企业采取转基因生物意图不存在显著的直接影响。管理者感知到的社会接受程度、市场吸引力越高，越可能将企业采取转基因生物解释为机会，管理者解释对预测企业采取转基因生物意图有着显著影响；Liu 等基于威胁刻板假说，检验了管理者对于外部环境的机会和威胁解释对新兴市场中技术创新型企业采取外部知识搜寻战略的影响③。通过对来自中国的 141 家技术创新型企业的分析发现，机会解释能够对外部知识搜寻的广度和深度产生直接、积极的影响，威胁解释仅仅对外部知识搜寻深度产生直接、消极的影响；管理者纽带强化了机会解释和外部知识搜寻广度的积极关系，弱化了机会解释和外部知识搜寻深度的积极关系；管理者纽带弱化了威胁解释和外部知识搜寻广度间的消极关系，而强化了威胁解释与外部知识搜寻深度的消极关系。

---

　　① White, J. C., Varadarajan, P. R., Dacin, P. A., "Market Situation Interpretation and Response: The Role of Cognitive Style, Organizational Culture, and Information Use", *Journal of Marketing*, Vol. 67, No. 3, 2003, pp. 63 – 79.

　　② Sung, B., Hwang, K., "Firms' Intentions to Use Genetically Modified Organisms Industrially: The Influence of Sociopolitical-economic Forces and Managerial Interpretations in the Korean Context", *Technological Forecasting & Social Change*, Vol. 80, No. 7, 2013, pp. 1387 – 1394.

　　③ Jingjiang, Liu, Lu, Chen., Wiboon, Kittilaksanawong., "External Knowledge Search Strategies in China's Technology Ventures: The Role of Managerial Interpretations and Ties", *Management and Organization Review*, Vol. 9, No. 3, 2013, pp. 437 – 463.

四　管理者解释与环境管理的相关研究

在公司环境反应的文献中，环境问题的管理者认知或管理者解释对环境战略的影响主要包括两种观点：组织层面检验认知的影响和管理者层面分析认知的影响。组织中管理者共享价值观和信念，管理者对战略问题的解释是企业环境反应的指南。环境反应战略的构成与管理者对环境问题战略本质的解释差异相关，管理者特征、环境问题对管理者本人和企业意味着什么可能导致差异的存在。组织行动和环境影响间因果关系的不确定性和模糊性，使得环境问题呈现高不可控性，环境问题的高关注度引起组织整体健康为消极状态，且应对自然环境问题需要污染控制设备、环境人员等投资以及清理泄漏等不良后果导致的成本增加，反应型环境战略企业的管理者可能预期为企业的损失；前瞻型环境战略企业的管理者能够从众多实践及战略和运营决策制定过程中帮助企业获益，组织愿景和能力的稳定性帮助企业迎接自然环境挑战，传递出技术和管理方向能够促进自然环境问题解释的信号，显示更高程度的可控性，管理自然环境的信念为支持企业完成环境问题提供了积极基调。

部分学者认为，小企业的管理者不需为应对感知到的环境不确定性进行信息的搜寻，仅需要当企业在经营环境中解释特定问题时，管理者进行环境信息的搜寻即可。然而，Lang、Calantone 和 Gudmundson 认为，及时性和相关的环境信息对于小企业非常重要，环境信息搜寻过程在中小企业中存在着什么作用值得研究。为此，作者扩大了小企业的样本，研究了小企业管理者感知环境与环境信息搜寻行为间的关系①。作者根据组织信息解释、感知环境不确定性和分类理论的相关模型，研究发现，感知竞争威胁与信息搜寻行为、感知竞争机会和信息搜寻行为存在积极关系，且感知竞争威胁和感知竞争机会间存在消极关系。

Sharma、Pablo 和 Vredenberg 通过对加拿大石油行业 7 家公司 15 年的案例分析发现，7 家公司的环境反应战略可以分为反应型环境战略和前瞻

---

① Lang, J. R., Calantone, R. J., Gudmundson, D., "Small Firm Information Seeking as a Response to Environmental Threats and Opportunities", *Journal of Small Business Management*, Vol. 35, No. 1, 1997, pp. 11 – 23.

型环境战略。环境响应战略的构成差异与管理者对环境问题战略本质的解释有关，管理者将环境问题解释为威胁与公司环境反应型战略相关，而管理者将环境问题解释为机会与公司环境前瞻型战略相关①。作者认为，当管理者将环境问题解释为机会时，更可能在生命周期早期阶段对环境问题做出响应，将合法性作为企业身份的一部分，更可能在构建商业－自然环境界面信息时实现直线和员工功能间伴随平衡影响，更可能伴随商业－自然环境界面采取行动的自由裁量权，更可能伴随控制系统中可量化的环境绩效标准和经济绩效标准的平衡；Sharma 和 Nguan 以北美（加拿大和美国）96 家生物技术和制药企业为研究对象，分析了管理者解释对私人公司采取生物多样性保存战略的影响。研究发现，管理者问题解释和风险偏好显著影响企业生物多样性保存的行动，特别是私营企业采取的生物多样性保存战略与被管理者是否将生物多样性保存解释为机会或威胁以及作为企业代表的管理者风险承担的偏好相关，仅仅在管理者展示高风险倾向时，管理者生物多样性保存的机会解释将促进企业采取前瞻型环境战略②；Sharma 以加拿大石油和天然气行业的 99 家公司为样本，探讨了组织情境、管理者环境问题解释与公司环境战略选择间的关系③。研究发现，管理者越把环境问题解释为机会，越会采取前瞻型环境战略；管理者越把环境问题解释为威胁，越会采取反应型环境战略。管理者将感知的环境关注作为公司核心身份的程度越高、管理者在商业/自然环境中所拥有的冗余资源程度越高、企业控制系统中包含的环境绩效标准程度越高，管理者越可能将环境问题解释为机会而非威胁。

George 等提供了一个模型预测组织决策制定者面对与合法性相关的环境事件时是否可能实施同构的（Isomorphic）或不同构的（Nonisomor-

① Sharma, S., Pablo, A. L., Vredenburg, H., "Corporate Environmental Responsiveness Strategies: The Importance of Issue Interpretation and Organizational Context", *Journal of Applied Behavioral Science*, Vol. 35, No. 1, 1999, pp. 87–108.

② Sharma, S., Nguan, O., "The Biotechnology Industry and Strategies of Biodiversity Conservation: The Influence of Managerial Interpretations and Risk Propensity", *Business Strategy and the Environment*, Vol. 8, No. 1, 1999, pp. 46–61.

③ Sharma, S., "Managerial Interpretations and Organizational Context as Predictors of Corporate Choice of Environmental Strategy", *Academy of Management Journal*, Vol. 43, No. 4, 2000, pp. 681–697.

phic）变革，通过整合前景理论、威胁刻板假说和制度理论，分析了制度
持续和变革模式如何依赖于决策制定者是否将环境变化视为获得合法性
潜在的机会或威胁①。管理者的行动方式依赖于组织决策者是否将环境事
件看作资源相关合法性或控制相关合法性潜在的获得或损失，决策制定
者面临模糊的经营环境时，为保护自身和所在组织会开始解耦反应（De-
coupled Responses），与前景理论和威胁刻板假说的实质性和象征性行动
相符合；Hahn、Preuss、Pinkse 和 Figge 通过商业案例框架和矛盾框架两
个认知框架，从理论角度探索了两种框架在认知内容和结构对可持续问
题意会过程的三阶段（管理者扫描、解释和反应）存在怎样不同的影
响②。作者阐述了两种框架导致在扫描的深度和广度方面的差异、依据感
知控制问题解释的差异以及管理者对可持续问题的不同反应类型等导致
了怎样的差异。认知框架的商业案例导向越强，决策制定者越能够感知
到选择可持续问题的高控制，越将这些问题解释为一致（Univalently）；
认知框架的矛盾导向越强，决策制定者越可能感知到较大范围可持续问
题的适中控制，越将其解释为矛盾（Ambivalently）。组织中具有一致商业
身份的决策制定者更不可能将持续问题解释为矛盾，具有异质身份的更
可能将持续问题解释为矛盾；缺少时间和资源的决策制定者，在矛盾框
架中感知到可持续问题的低控制，更可能将持续问题解释为一致，在商
业案例框架中则不然。

第三节　组织结构的相关研究

一　组织结构的内涵

对于组织结构的内涵不同学者有着不同的认识：Skivington 和 Daft 认

---

① George, E., Chattopadhyay, P., Sitkin, S. B., Barden, J., "Cognitive Underpinnings of In-
stitutional Persistence and Change: A Framing Perspective", *Academy of Management Review*, Vol. 31,
No. 2, 2006, pp. 347 – 365.

② Hahn, T., Preuss, L., Pinkse, J., Figge, F., "Cognitive Frames in Corporate Sustainability:
Managerial Sensemaking with Paradoxical and Business Case Frames", *Academy of Management Review*,
Vol. 39, No. 4, 2014, pp. 463 – 487.

为组织结构是任务和活动持久配置的过程[①]；Jones 认为组织结构是指组织中相对稳定的关系和方面，是组织中关于规则、职务及权利关系的形式化系统，说明如何分工、向谁负责和协调机制[②]；Donaldson 将组织结构定义为组织成员间经常性的关系，主要包括权力和报告关系，如组织蓝图中被识别的、组织规则要求组织成员行为和决策制定及组织成员交流的方式等[③]；郭霖和帕德瑞夏认为，组织结构是强化工作管理和整合的机制，是对组织中工作角色和跨组织活动的安排、构建[④]；刘群慧、胡蓓和刘二丽认为，组织结构是组织内部各构成要素彼此相互的关联形式或联系方式，旨在合理、有效地组织企业员工，以便实现组织目标[⑤]；李云和李锡元认为，组织结构是对开展工作、实现目标所必需的各种资源进行安排时所形成的一种体现分工与协作关系的框架[⑥]。

基于国内外学者的研究，借鉴 Jones、李云和李锡元等的研究，本书认为，组织结构是指为实现企业的战略目标而对所需资源进行合理配置所形成的相对稳定的协作关系，并随着战略的调整而改变。

二　组织结构的形式

根据组织结构柔性程度，Burns 和 Stalker 将组织结构划分为机械式组织结构和有机式组织结构两种[⑦]，作者认为组织结构是一个从机械式到有机式的连续概念。机械式组织结构（Mechanistic Organization）又称官僚

① Skivington, J. E., Daft, R. L., "A Study of Organizational Framework and Process Modalities for the Implementation of Business-level Strategic Decisions", *Journal of Management Studies*, Vol. 28, No. 1, 1991, pp. 45 – 68.

② Jones, G. R., *Organizational Theory*, Reading Massachusetts: Addison Wesley, 1995.

③ Donaldson, L., "The Normal Science of Structural Contingency Theory", In S. R. Clegg, C. Hardy, & W. R. Nord (eds.), *Handbook of Organizational Studies*: 57 – 76. Thousand Oaks, CA: Sage, 1996.

④ 郭霖、帕德瑞夏·弗莱明：《企业家信任水平、组织结构与企业成长——中国中小高科技企业的一个实证分析》，《厦门大学学报》（哲学社会科学版）2005 年第 1 期，第 103—110 页。

⑤ 刘群慧、胡蓓、刘二丽：《组织结构、创新气氛与时基绩效关系的实证研究》，《研究与发展管理》2009 年第 21 卷第 5 期，第 47—56 页。

⑥ 李云、李锡元：《上下级"关系"影响中层管理者职业成长的作用机理——组织结构与组织人际氛围的调节作用》，《管理评论》2015 年第 27 卷第 6 期，第 120—127 页。

⑦ Burns, T., Stalker, G. M., *The Management of Innovation*, London: Tavistock, 1961.

行政式组织结构，权力集中程度较高，更为正式，具有严格的层级控制体系和正式的规则，以效率为导向，标准化程度较高，专业化的业务流程，通过程序、规则、规范和标准保证组织的有效运行，具有根深蒂固和自以为是的观念和知识体系；有机式组织结构（Organic Organization），又称适应式组织结构，权力较为分散，较少的正式性，具备松散、灵活和高适应性等特征，标准化程度较低，部门间的职能界限模糊，便于进行直接、横向和斜向的沟通、协调，对环境变化反应更敏感，开放的风险承担，利于知识和信息的整合，利于实现突破性创新①，有两个具体特点②：一是有机式组织结构能够适应灵活地处理新的问题或抓住任务分配中的机会，二是有机式组织结构权力分散、控制较弱，鼓励企业内部广泛的交流。

不同学者对于组织结构形式有着不同的认知，Pugh、Hickson、Hinings 和 Turner 对组织结构的专业化、标准化、正规化、集权化和配置等维度进行了定义和操作化分析③；Menguc 和 Auh 根据 Burns 和 Stalker 的研究，将组织结构分为正式组织结构和非正式组织结构④，正式组织结构更多体现为机械式，促进规范化的工作实践，趋向于更加官僚体制，使用普遍的制度规则特征、政策和惯例确定工作怎样完成⑤；非正式组织结构更多为有机式，意味着更少的正式决策制定和工作实践等非正式的规则和关系。

国内学者亦从不同方面对组织结构的形式进行了划分，张钢和许庆瑞区分了四种不同类型的组织结构形式：纯等级制结构、职能制结构、

①　陈建勋、凌媛媛、王涛：《组织结构对技术创新影响作用的实证研究》，《管理评论》2011 年第 23 卷第 7 期，第 62—71 页。

②　French, W. L., Bell, C. H., *Organizational Development: Behavioral Science Interventions for Organization Improvement*, third ed. Prentice-Hall, Englewood Cliffs, NJ, 1984.

③　Pugh, D. S., Hickson, D. J., Hinings, C. R., Turner, C., "Dimensions of Organization Structure", *Administrative Science Quarterly*, Vol. 13, No. 13, 1968, pp. 65 – 105.

④　Menguc, B., Auh, S., "Development and Return on Execution of Product Innovation Capabilities: The Role of Organizational Structure", *Industrial Marketing Management*, Vol. 39, No. 5, 2010, pp. 820 – 831.

⑤　Miller, D., Friesen, P., *Organizations: A Quantum View*, Englewood Cliffs, NJ: Prentice Hall, 1984.

分权制结构和权变制结构①；朱晓武和阎妍对组织结构维度相关研究进行了整理，总结了学者常用的 13 个维度，并对组织结构的研究方法进行总结，归纳出复杂性、规范性、权力分配和协调机制 4 个维度，构建了测量量表②；刘群慧、胡蓓和刘二丽将组织结构分为组织层级数、规范化、部门化基础、决策点位置、内部边界和外部边界等 6 个维度③；张光磊、刘善仕和彭娟采用吴万益的分类方式，将组织结构划分为集权与分权程度、反应速度、正式化程度和部门整合能力 4 个维度④；张敏将组织结构分为分权程度、正规化程度、整合程度和反馈速度等 4 个维度⑤。

组织结构的不同可能导致企业采取不同的行为方式，对企业的战略选择产生影响，且 Ambrose 和 Schminke 认为，将组织结构区分为有机式和机械式能够较为全面地评估企业的结构形式⑥，为此，本文借鉴 Burns 和 Stalker（1961）、Ambrose 和 Schminke（2003）等的研究，将组织结构划分为机械式组织结构和有机式组织结构，且组织结构是一个从机械式组织结构到有机式组织结构的连续变量的两端。

三 组织结构的研究现状

合理的组织结构在企业的发展过程中有着重要作用，Chandler 认为，企业战略变化先于组织结构并对组织结构变化产生影响，"战略决定组织结构，结构追随战略"⑦；然而，这一结论在 20 世纪 70 年代开始受到学

---

① 张钢、许庆瑞：《文化类型、组织结构与企业技术创新》，《科研管理》1996 年第 17 卷第 5 期，第 26—31 页。

② 朱晓武、阎妍：《组织结构维度研究理论与方法评介》，《外国经济与管理》2008 年第 30 卷第 11 期，第 57—64 页。

③ 刘群慧、胡蓓、刘二丽：《组织结构、创新气氛与时基绩效关系的实证研究》，《研究与发展管理》2009 年第 21 卷第 5 期，第 47—56 页。

④ 张光磊、刘善仕、彭娟：《组织结构、知识吸收能力与研发团队创新绩效：一个跨层次的检验》，《研究与发展管理》2012 年第 24 卷第 2 期，第 19—27 页。

⑤ 张敏：《任务紧迫情境下情绪感染、组织结构与团队情绪的关系研究》，《财贸研究》2014 年第 2 期，第 129—138 页。

⑥ Ambrose, M. L., Schminke, M., "Organization Structure as a Moderator of the Relationship between Procedural Justice, Interactional Justice, Perceived Organizational Support, and Supervisory Trust", *Journal of Applied Psychology*, Vol. 88, No. 2, 2003, pp. 295 – 305.

⑦ Chandler, A. D., *Strategy and Structure: Chapters in the History of the American Industrial Enterprise*, Cambridge, Massachusetts: MIT Press, 1962.

者的质疑：结构追随战略是以公司改变产品系列为基准，其组织结构由简单变为复杂的职能和部门机构为依据。Greiner 分析了组织成长、改善、变革的过程，提出结构决定战略①；Ansoff 认为，企业战略追随结构，企业战略最终目的在于企业的生存和发展②。国内学者罗珉认为，战略决定组织结构，组织结构对战略有着重要影响③，并提出了以战略、市场和组织目标间匹配为基础的战略类型，如表 2.4 所示。此外，黄旭④等众多学者对结构与战略进行了分析、探讨。

表 2.4　　　　　　　　　　　　结构与战略

	机械式结构	有机式结构
稳定的产品市场	防守型战略（Defender）	分析型战略（Analyzer）
变化的或不稳定的市场	被动反应型战略（Reactor）	开发型战略（Prospector）

资料来源：罗珉：《组织设计：战略选择、组织结构和制度》，《当代经济管理》2008 年第30 卷第5 期，第1—8 页。

国内外学者从组织战略、组织公平、组织有效性、组织绩效等方面探讨了组织结构的重要性。Schminke、Ambrose 和 Cropanzano 分析了组织结构的集权化、正规化和规模三个维度与感知程序公平、交换公平间的关系⑤。通过对 11 个组织的 209 名员工的分析发现，集权化与感知程序公平存在消极影响，组织规模与互动公平存在消极关系，正规化与程序公平并不存在显著相关关系，组织结构和设计在组织公平中存在重要作用；Schminke、Cropanzano 和 Rupp 分析了组织结构与感知公

① Greiner, L. E., "Evolution and Revolution as Organization Grow", *Harvard Business Review*, Vol. 50, No. 7/8, 1972, pp. 37 - 46.

② Ansoff H., I., *Strategic Management*, New York：Halsted Press, 1979.

③ 罗珉：《组织设计：战略选择、组织结构和制度》，《当代经济管理》2008 年第30 卷第5 期，第1—8 页。

④ 黄旭：《战略管理：思维与要径》，机械工业出版社 2015 年版。

⑤ Schminke, M., Ambrose, M. L., Cropanzano, R. S., "The Effect of Organizational Structure on Perceptions of Procedural Fairness", *Journal of Applied Psychology*, Vol. 85, No. 2, 2000, pp. 294 - 304.

平间的关系①，将组织结构分为集权化、正规化、规模和垂直复杂性，感知公平包括分配公平、程序公平和互动公平。利用 212 名参与者作样本分析发现，组织结构特别是集权化和正规化对感知分配公平、程序公平和互动公平存在主要影响；Ambrose 和 Schminke 检验了组织结构对公平感知和社会交换关系类型、感知组织支持和上级信任的影响。不同组织结构情境下，程序公平和互动公平在决定组织社会交换质量（感知组织支持）和上级社会交换（主管信任）中扮演不同重要角色。机械式组织结构中，程序公平与感知组织支持的关系更强，有机式组织结构中互动公平与主管信任的关系更强②；Spell 和 Arnold 将组织结构分为机械式组织结构和有机式组织结构，分析了组织公平氛围、组织结构与员工心理健康间的关系③。作者认为，组织结构能够调节程序公平氛围与超越个体水平感知正义直接影响的个体沮丧、焦虑间的关系，在高机械式组织结构中，程序正义氛围的消极影响得到强化，高有机式组织结构中，互动公平氛围的消极影响得到强化。

亦有学者从其他角度分析了与组织结构的关系，如 Fiedler 和 Welpe 检验了组织结构对组织记忆的影响④，作者将组织结构分为专业化（Specialization）和标准化（Standardization），通过对来自咨询、金融、汽车和电子行业的 122 位受访者的分析发现，专业化和标准化等组织结构因素能够对组织记忆产生显著影响；Zheng 等以集权化代表组织结构，分析了组织结构与组织有效性的关系⑤，研究发现，组织结构（集权化）与组织有

---

① Schminke, M., Cropanzano, R., Rupp, D. E., "Organization Structure and Fairness Perceptions: The Moderating Effects of Organizational Level", *Organizational Behavior & Human Decision Processes*, Vol. 89, No. 1, 2002, pp. 881 –905.

② Ambrose, M. L., Schminke, M., "Organization Structure as a Moderator of the Relationship Between Procedural Justice, Interactional Justice, Perceived Organizational Support, and Supervisory Trust", *Journal of Applied Psychology*, Vol. 88, No. 2, 2003, pp. 295 –305.

③ Spell, C. S., Arnold, T. J., "A Multilevel Analysis of Organizational Justice Climate, Structure, and Employee Mental Health", *Journal of Management*, Vol. 33, No. 5, 2007, pp. 724 –751.

④ Fiedler, M., Welpe, I., "How Do Organizations Remember? The Influence of Organizational Structure on Organizational Memory", *Organizational Studies*, Vol. 31, No. 4, 2010, pp. 381 –407.

⑤ Zheng, W., Yang, B., Mclean, G. N., "Linking Organizational Culture, Structure, Strategy, and Organizational Effectiveness: Mediating Role of Knowledge Management", *Journal of Business Research*, Vol. 63, No. 7, 2010, pp. 763 –771.

效性存在显著的负相关关系，知识管理部分中介了组织结构与组织有效性间的关系；Menguc 和 Auh 分析了组织结构、创新能力与新产品绩效间的关系①，作者认为，组织结构是突破式和渐进式产品创新能力的前因变量，且在突破式和渐进式产品创新能力与新产品绩效关系中起到调节作用。研究发现，组织结构在预测产品创新能力转化为新产品绩效上存在一致性，如在正式组织结构中，突破性产品创新能力对新产品绩效存在消极影响，但不显著，而在非正式组织结构中，突破性产品创新能力对新产品绩效存在积极影响；相反，正式组织结构中，渐进性产品创新能力对新产品绩效存在积极影响，而在非正式组织结构中，渐进性产品创新能力与新产品绩效存在消极关系。

Lee 等将分权化、正规化、层级化和水平一体化作为机械式结构和有机式结构的操作化维度，分析了组织结构和竞争对设计绩效测量系统（Performance Measurement System）的影响②。通过对中国台湾地区 168 家上市公司的分析发现，组织结构与设计绩效测量系统显著相关，与机械式组织结构相比，有机式组织结构更倾向使用综合测量和绩效测量系统更高的发展阶段，与有机式组织结构相比，在机械式组织结构中，使用综合测量与组织绩效的关系相关性更显著；Katsikea、Theodosiou、Perdikis 和 Kehagias 基于工作修正模型和工作特征模型调查了销售出口企业的组织结构、工作特征和工作结果的关系③。作者提供了一个概念模型，利用英国 160 家出口企业的数据，分析发现，正规化和集权化对工作反馈存在积极影响，集权化对工作自主性和工作多样性存在消极影响；Claver-Cortés、Pertusa-Ortega 和 Molina-Azorín 分析了组织结构特征与混

① Menguc, B., Auh, S., "Development and Return on Execution of Product Innovation Capabilities: The Role of Organizational Structure", *Industrial Marketing Management*, Vol. 39, No. 5, 2010, pp. 820-831.

② Lee, C. L., Yang, H. J., "Organization Structure, Competition and Performance Measurement Systems and Their Joint Effects on Performance", *Management Accounting Research*, Vol. 22, No. 2, 2011, pp. 84-104.

③ Katsikea, E., Theodosiou, M., Perdikis, N., Kehagias, J., "The Effects of Organizational Structure and Job Characteristics on Export Sales Managers' Job Satisfaction and Organizational Commitment", *Journal of World Business*, Vol. 46, No. 2, 2011, pp. 221-233.

合竞争战略（Hybrid Competitive Strategies）的关系①，作者将组织结构分为复杂性（Complexity）、正规化（Formalization）和集权化。对以往文献的梳理发现，正规化与惯性、稳定性和效率相关，高程度的正规化可能与低成本战略相关，低程度的正规化与差异化战略相关②，结构复杂性能够促进更多的关于降低成本或实现差异化的建议，集权化组织中，同时降低成本和增加差异化是很困难的。作者通过对西班牙不同部门的企业的分析发现，组织复杂性和组织存在的正规化能够积极影响混合竞争战略，集权化对混合竞争战略存在消极影响。

集中型多部门结构［Centralized Multidivisional（CM-form）Structure］和分散型多部门结构［Decentralized Multidivisional（DM-form）Structure］是实现多样化战略的两个经典组织结构。集中型组织结构表现为高的总部集权和高的部门分权，分散型组织结构表现为低的总部集权和低的部门分权。Lin 认为，不同的并购战略（非相关并购、相关并购、垂直并购）需要不同的组织结构与之适应，作者采用总部集权和部门分权对组织结构进行了衡量③。

国内学者亦从不同角度对组织结构展开了相关研究，李忆和司有和分析了组织结构、创新与企业绩效的关系④，作者将组织结构分为集权化和正规化。通过对 397 份有效问卷的分析发现，正规化的组织结构对探索性创新和利用性创新均存在促进作用，集权化的组织结构对利用式创新存在负面影响；张光磊、廖建桥和周和荣以我国科技型企业为研究对象，分析了组织结构、技术能力和自主创新方式的关系⑤，研究发现，与机械

① Claver-Cortés, E. , Pertusa-Ortega, E. M. , Molina-Azorín, J. F. , "Characteristics of Organizational Structure Relating to Hybrid Competitive Strategy: Implications for Performance", *Journal of Business Research*, Vol. 65, No. 7, 2012, pp. 993 – 1002.

② Miller, D. , "Relating Porter's Business Strategies to Environment and Structure: Analysis and Performance Implications", *Academy of Management Journal*, Vol. 31, No. 2, 1988, pp. 280 – 308.

③ Lin, L. H. , "Organizational Structure and Acculturation in Acquisitions: Perspectives of Congruence Theory and Task Interdependence", *Journal of Management*, Vol. 40, No. 7, 2014, pp. 1831 – 1856.

④ 李忆、司有和：《组织结构、创新与企业绩效：环境的调节作用》，《管理工程学报》2009 年第 23 卷第 4 期，第 20—26 页。

⑤ 张光磊、廖建桥、周和荣：《组织结构、技术能力与自主创新方式——基于中国科技型企业的实证研究》，《研究与发展管理》2010 年第 22 卷第 1 期，第 1—9 页。

式组织结构相比,有机式组织结构能够有效提高企业的信息、经费和管理能力,更有利于实施内部创新,且组织结构对企业技术能力和自主创新的关系起到调节作用;程德俊将组织结构分为机械式组织结构和有机式组织结构,分析了适合不同学习战略的组织结构和人力资源管理系统。机械式组织结构强调高度专业化、规范化、集权化和自上而下的沟通模式,能够提高组织的效率和稳定性,便于组织实施利用式学习战略,而有机式组织结构强调灵活分工、低规范化、分权化和横向沟通模式,能够促进组织探索性学习战略的实施。而层级型和独裁型人力资源管理系统能与利用式学习战略、机械式组织结构相匹配,工程型和承诺型人力资源管理系统能够与探索性学习战略、有机式组织结构很好的匹配①;陈建勋、凌媛媛和王涛将组织结构分为机械式组织结构和有机式组织结构,分析了组织结构与技术创新间的关系②。问卷分析结果显示,机械式组织结构与渐进性技术创新存在正向关系,有机式组织结构与突破性技术创新存在正向关系;机械式组织结构与利用式组织学习存在正向关系,有机式组织结构与探索式组织学习存在正向关系。李云和李锡元将组织结构分为有机式组织结构和机械式组织结构,分析了组织结构对上下级"关系"与职业成长的调节作用③。通过对11个城市的问卷调查获得数据的分析发现,与机械式组织结构相比,有机式组织结构中上下级"关系"与中层管理者职业成长的正相关关系更强。

第四节　本章小结

本章对环境战略的相关研究、管理者解释的相关研究、组织结构的相关研究进行了梳理和分析。首先,根据国内外相关文献对环境战略的内涵、分类进行了归纳和总结,分别从利益相关者理论视角、制度理论

① 程德俊:《试论学习战略、组织结构与人力资源管理系统的选择》,《外国经济与管理》2010年第32卷第5期,第40—47页。

② 陈建勋、凌媛媛、王涛:《组织结构对技术创新影响作用的实证研究》,《管理评论》2011年第23卷第7期,第62—71页。

③ 李云、李锡元:《上下级"关系"影响中层管理者职业成长的作用机理——组织结构与组织人际氛围的调节作用》,《管理评论》2015年第27卷第6期,第120—127页。

视角、资源基础观视角、自然资源基础观视角、高阶理论视角、多种理论相结合视角等对环境战略的研究视角进行了总结和梳理；其次，梳理了管理者解释产生的理论基础、管理者解释的内涵与分类、管理者解释的影响因素及管理者解释与环境管理关系的相关研究；最后，从组织结构的内涵、形式、研究现状等方面对组织结构的研究进行了梳理和总结。

通过对以往国内外文献的归类、整理、分析，得出以下结论。

第一，企业作为国民经济的细胞，对于我国经济的快速发展做出了突出贡献，但也造成了严重的环境问题，应为环境问题的解决、环境质量的改善贡献力量，应在"绿色浪潮"中发挥重要作用[①]。管理者作为企业战略的决策主体，其认知、解释、价值观、态度对于企业的环境战略选择至关重要，而以往关于认知如何对环境战略的选择产生影响、通过怎样的机制产生影响的研究仍非常欠缺；此外，以往对于环境战略的研究主要从利益相关者理论、制度理论、资源基础观、自然资源基础观、高阶理论等某一视角或几个理论相结合的视角展开研究，难以突破环境管理研究的现有理论框架，对于管理者怎样看待公司的目标及为什么为实现这些目标而采取特定动机和战略倾向，不同管理者为何选择差异性的环境战略，怎样评估公司的环境战略选择及选择什么样的行动追求选择的环境战略等问题难以有效解决。调节聚焦理论正是从个体动机角度作为一种心理属性区分为何不同聚焦的个体有着不同的策略偏好和战略决策行动，能够补充以往研究的不足。本研究则试图从一个新的理论视角扩展环境战略的相关研究。

第二，战略领域对于管理者解释的研究，主要从机会解释和威胁解释的分类展开。在管理者解释与环境战略关系的研究中，Sharma、和苏超等学者发现，管理者的机会解释能够促进企业前瞻型环境战略的实施，但大多研究仅仅探讨了管理者解释与环境战略选择的直接关系，对于管理者解释与企业环境战略选择的机制研究非常有限。

第三，在企业环境战略选择的过程中，组织结构有着重要作用，组

① 和苏超、黄旭、陈青：《管理者环境认知能够提升企业绩效吗？——前瞻型环境战略的中介作用与商业环境不确定性的调节作用》，《南开管理评论》2016 年第 19 卷第 6 期，第 49—57 页。

织结构与环境战略的匹配能够帮助企业获得竞争优势，促进企业的快速发展。一方面，现有关于环境战略的研究并没有给予组织结构以充分关注，未从战略匹配角度探讨组织结构与环境战略的关系；另一方面，在探讨环境战略影响因素或分析某因素与环境战略关系时，未考虑到组织结构对于两者关系的边界作用。

第 三 章

理论基础与研究假设

第一节　调节聚焦理论

一　概念界定

在有关动机的研究中，追寻快乐（Approaching Pleasure）和避免痛苦（Avoiding Pain）的享乐主义原则（Hedonic Principle）主导了人们对于动机的理解，但对于如何趋利避害、趋利避害的动机、通过何种途径和形式实现等问题难以给出合理有效的解释[1]。为此，Higgins 提出了调节聚焦理论（Regulatory Focus Theory），在决策过程中，人们为达到特定目的而努力改变和控制自己的思想，这一过程被称为自我调节[2]，调节聚焦是指个体在实现目标的过程中所表现出的自我调节的焦点或方式。个体所追寻的目标状态不同，不同的自我调节系统被激活，根据自我指导类型差异，目标状态包括理想型目标和应该型目标。激活与理想型目标状态相关的调节系统称为促进聚焦（Promotion Focus），而激活与应该型目标状态相关的调节系统称为防御聚焦（Prevention Focus），两者主要存在以下几方面差异[3][4]。内

①　姚琦、乐国安：《动机理论的新发展：调节定向理论》，《心理科学进展》2009 年第 17 卷第 6 期，第 1264—1273 页。

②　Higgins, E. T., "Beyond Pleasure and Pain", *American Psychologist*, Vol. 52, No. 12, 1997, pp. 1280 - 1300.

③　Crowe, E., Higgins, E. T., "Regulatory Focus and Strategic Inclinations: Promotion and Prevention in Decision Making", *Organizational Behavior and Human Decision Processes*, Vol. 69, No. 2, 1997, pp. 117 - 132.

④　Higgins, E. T., "Promotion and Prevention: Regulatory Focus as a Motivational Principle", *Advances in Experimental Social Psychology*, Vol. 30, No. 2, 1998, pp. 1 - 46.

在需求不同：促进聚焦的个体内在需求主要表现为成长、发展和培养，防御聚焦的个体内在需求主要表现为躲避、安全和保护等；实现的目标或标准存在差异：Higgins 认为存在两种独立的自我信念①，促进聚焦表现为"理想自我"（Ideal Self）信念，包含希望、愿望和激情，而防御聚焦表现为"应该自我"（Ought Self）信念，包含职责、义务和责任；心理情景的差异：促进聚焦主要着眼于积极结果的出现，表现为希望得以达到或目标实现后理想自我的满足，防御聚焦着眼于消极结果的避免，表现为不希望出现的事件没有发生，应该自我得以满足；战略倾向的不同：促进聚焦个体使用渴望策略，确保"击中"和积极结果出现以及避免误差和遗漏，防御聚焦使用警觉策略，确保"正确拒绝"，避免渴望状态的未达到或避免出现非渴望状态，促进聚焦和防御聚焦与各自的战略倾向形成自然匹配（Natural Fit）；情绪跨度的差异：促进聚焦个体的情绪跨度体现为高兴－沮丧，防御聚焦体现为激动－平静。此外，促进聚焦强调快速和成就而不是规制和责任②，促进聚焦的个体关注发展、变革以及创造、创新行为带来的优势和获益③；防御聚焦强调可能导致损失和痛苦的失败、错误、失误及重大错误等，进而会逃避损失和伤害，不去探索新的观点、方法和思想。如表 3.1 所示。

表 3.1　　　　　　　　　促进聚焦与防御聚焦的差异

类别	促进聚焦	防御聚焦
内在需求	成长、发展和培养	躲避、安全和保护
目标或标准	理想自我（表现为希望和愿望）	应该自我（表现为责任和义务）

---

① Higgins, E. T., "Self-discrepancy: A Theory Relating Self and Affect", *Psychological Review*, Vol. 94, No. 3, 1987, pp. 319-340.

② Johnson, R. E., Chang, C-H., Yang, L., "Commitment and Motivation at Work: The Relevance of Employee Identity and Regulatory Focus", *Academy of Management Review*, Vol. 35, No. 2, 2010, pp. 226-245.

③ Kark, R., Dijk, D. V., "Motivation to Lead, Motivation to Follow: The Role of the Self-regulatory Focus in Leadership Processes", *Academy of Management Review*, Vol. 32, No. 2, 2007, pp. 500-528.

续表

类别	促进聚焦	防御聚焦
心理情景	积极结果存在	消极结果的回避 确保误差缺乏和选择好的拒绝
战略倾向	使用渴望策略,确保"击中" 确保积极结果出现和避免误差和遗漏	使用警觉策略,确保"正确拒绝" 避免渴望状态的未达到或避免出现 非渴望状态
情绪跨度	高兴—沮丧	激动—平静

资料来源:根据相关文献整理所得。

二 调节聚焦的类型

自我差异理论(Self-Discrepancy Theory)认为,个体存在理想型和应该型两种自我指导类型,理想型个体关注来自成功的积极结果的存在,避免来自失败的积极结果的不存在,追求的目标为希望、愿望和激情,与促进聚焦相对应;应该型个体关注来自成功的消极结果的不存在,避免来自失败消极结果的存在,追求的目标为安全、义务和职责,与防御聚焦相对应,调节聚焦与自我指导类型紧密相关。

调节聚焦不仅可以作为个体长期的、稳定的个性特质存在,亦可以作为个体暂时的、变化的动机状态存在。因此,调节聚焦可分为特质性调节聚焦和情境性调节聚焦。个体受自身社会化过程、个性偏好、先前生活经验的影响,逐步形成较为稳定、长期的调节聚焦倾向,称为特质性调节聚焦或长期调节聚焦;调节聚焦亦可作为一种暂时性的动机状态存在,能够被情景线索影响或引导[1],影响人们的心理和行为。研究者常采用收益-非收益、损失-非损失的任务框架等暂时性的情景诱发促进聚焦和防御聚焦,个体情景中,促进聚焦常为成长需要、理想自我及潜在收益框架所诱发,防御聚焦常为安全需要、应该自我及潜在损失框架所诱发。

---

[1] Brockner, J., Higgins, E. T., "Regulatory Focus Theory Implications for the Study of Emotions at Work", *Organizational Behavior and Human Decision Processes*, Vol. 86, No. 1, 2001, pp. 35–66.

第二节 调节聚焦理论相关研究

一 调节聚集的影响因素

对于调节聚焦的前因变量的研究，学者主要从接近特质、避免特质、其他相关个性特征、自我评估等人格特质角度展开[1]。

（一）接近 – 避免特质（Approach-Avoid Temperaments）

Elliot、Elliot 和 Thrash[2] 认为，个性特征能够根据其是否代表基本的接近或避免动机进行分类，接近动机代表趋向于渴望和达到积极结果的直接行为的气质偏好，避免动机代表趋向于避免不良结果的直接行为的气质偏好。系统水平的接近、避免倾向在战略和战术层面影响调节聚焦[3]，接近气质和避免气质分别与促进聚焦和防御聚焦相关，且促进聚焦与接近气质积极相关[4]，乐观、外向性、正面情感、行为方法系统活动、学习目标导向、绩效途径目标导向增加员工聚焦于渴望状态而采取热切策略（Eagerness Strategies）；防御聚焦与避免气质

---

① Lanaj, K., Chang, C-H., Johnson, R. E., "Regulatory Focus and Work-related Outcomes: A Review and Meta-analysis", *Psychological Bulletin*, Vol. 138, No. 5, 2012, pp. 998 – 1034.

② Elliot, A. J., "The Hierarchical Model of Approach-avoidance Motivation", *Motivation and Emotion*, Vol. 30, No. 2, 2006, pp. 111 – 116; Elliot, A. J., Thrash, T. M., "Approach-avoidance Motivation in Personality: Approach and Avoidance Temperaments and Goals", *Journal of Personality and Social Psychology*, Vol. 82, No. 5, 2002, pp. 804 – 818; Elliot, A. J., Thrash, T. M., "Approach and Avoidance Temperament as Basic Dimensions of Personality", *Journal of Personality*, Vol. 78, No. 3, 2010, pp. 865 – 906.

③ Scholer, A. A., Higgins, E. T., "Distinguishing Levels of Approach and Avoidance: An Analysis Using Regulatory Focus Theory", In A. J. Elliot (ed.), *Handbook of Approach and Avoidance Motivation* (pp. 489 – 503), New York, NY: Psychology Press, 2008.

④ Sullivan, H. W., Worth, K. A., Baldwin, A. S., Rothman, A. J., "The Effect of Approach and Avoidance Referents on Academic Outcomes: A Test of Competing Predictions", *Motivation and Emotion*, Vol. 30, No. 2, 2006, pp. 157 – 164; Ouschan, L., Boldero, J. M., Kashima, Y., Wakimoto, R., Kashima, E. S., "Regulatory Focus Strategies Scale: A Measure of Individual Differences in the Endorsement of Regulatory Strategies", *Asian Journal of Social Psychology*, Vol. 10, No. 4, 2007, pp. 243 – 257; Summerville, A., Roese, N. J., "Self-report Measures of Individual Differences in Regulatory Focus: A Cautionary Note", *Journal of Research in Personality*, Vol. 42, No. 1, 2008, pp. 247 – 254.

积极相关①②③，焦虑、情绪波动、负面情感、行为抑制系统活动、绩效回避目标导向能够加强避免远离渴望状态而采取警惕策略（Vigilant Strategies）。

（二）其他相关个性特征

责任心是有效自我调节的重要特征④⑤⑥，高责任心的个体更有计划和信心，能够恰当地调节自己的行为⑦，具备奋斗和坚忍的意志品质，在工作中努力积聚收获并最终成功，与促进聚焦很好地匹配；同时，责任心包括的可靠性、职责、彻底性等品质，与防御聚焦强调责任相符合。

经验开放性能够促进个体开阔视野，富有艺术敏感性和想象力，与促进聚焦个体探索导向存在积极关系；防御聚焦个体则遵循规则，避免不可预测结果的出现，而经验开放的个体更少表现出风险规避和发散思维，两者间可能不存在积极关系。

亲和性的个体更善良、值得信任和具备灵活性，与促进聚焦个体对开放的新观点、积极情绪体验更相关；而与防御聚焦表现出的警觉本性、焦虑情绪不相关。

（三）自我评估倾向（Self-evaluative Tendencies）

自尊（Self-Esteem）和自我效能感（Self-Efficacy）为两种常见的自

① Ayduk, O., May, D., Downey, G., Higgins, E. T., "Tactical Differences in Coping with Rejection Sensitivity: The Role of Prevention Pride", *Personality and Social Psychology Bulletin*, Vol. 29, No. 4, 2003, pp. 435 – 448.

② Grant, H., Higgins, E. T., "Optimism, Promotion Pride, and Prevention Pride as Predictors of Quality of Life", *Personality and Social Psychology Bulletin*, Vol. 29, No. 12, 2003, pp. 1521 – 1532.

③ Haws, K. L., Dholakia, U. M., Bearden, W. O., "An Assessment of Chronic Regulatory Focus Measures", *Journal of Marketing Research*, Vol. 47, No. 5, 2010, pp. 967 – 982.

④ Wallace, J. C., Chen, G., "A Multilevel Integration of Personality, Climate, Self-regulation, and Performance", *Personnel Psychology*, Vol. 59, No. 3, 2006, pp. 529 – 557.

⑤ Hoyle, R. H., "Personality and Self-regulation", In R. H. Hoyle (ed.), *Handbook of Personality and Self-regulation* (pp. 1 – 18), Malden, MA: Blackwell, 2010.

⑥ McCrae, R. R., Löckenhoff C, E., "Self-regulation and the Five-factor Model of Personality Traits", In R. H. Hoyle (ed.), *Handbook of Personality and Self-regulation* (pp. 145 – 168). Malden, MA: Blackwell, 2010.

⑦ Costa, P. T., McCrae, R. R., "Normal Personality Assessment in Clinical Practice: The NEO Personality Inventory", *Psychological Assessment*, Vol. 4, No. 1, 1992, pp. 5 – 13.

我评估倾向，其与促进聚焦和防御聚焦存在联系。自尊是自我价值的总体评估，关注自我价值；自我效能感与个体执行并获得成功的信念相关，关注自我能力①。高自尊的个体坚持自我促进导向和高目标，具备趋向积极结果的动机，其发挥自己的技能和天赋追求风险和收益；低自尊的个体具有自我保护倾向，动机在于避免威胁和风险，做事小心谨慎，专注于风险最小化，避开挑战。可见，高自尊个体与促进聚焦、低自尊个体与防御聚焦存在相关性。与低自我效能感个体相比，高自我效能感的个体相信通过自己的努力能够成功，愿意承担风险去追求高目标、高绩效，其与促进聚焦存在积极关系；而防御聚焦个体聚焦于现有的责任和义务，仅满足最低绩效标准，不能够激发个体的效能感，两者间可能不存在积极关系。

此外，Wallace 和 Chen 发现，大五人格中的责任心与促进聚焦和防御聚焦均呈现积极的关系，内外向维度与个体促进聚焦间存在显著正向关系，与防御聚焦不存在显著相关②；神经质与促进聚焦不存在显著相关，与防御聚焦存在显著的正向关系③。Seibt 和 Förster④ 等学者认为，挑战和威胁能够对个体的调节聚焦产生影响；Oyserman 等认为，不公平对待的潜在威胁可能诱发防御聚焦⑤；Grimm 等认为，刻板印象威胁（Stereotype Threat）影响个体的动机状态，消极刻板印象的启动导致个

① Judge, T. A., Bono, J. E., "Relationship of Core Self-evaluations Traits-self-esteem, Generalized Self-efficacy, Locus of Control, and Emotional Stability—with Job Satisfaction and Job Performance: A Meta-analysis", *Journal of Applied Psychology*, Vol. 86, No. 1, 2001, pp. 80 – 92.

② Higgins, E. T., Friedman, R. S., Harlow, R. E., Idson, L. C., Ayduk, O. N., Taylor, A., "Achievement Orientations from Subjective Histories of Success: Promotion Pride Versus Prevention Pride", *European Journal of Social Psychology*, Vol. 31, No. 1, 2001, pp. 3 – 23.

③ Wallace, J. C., Chen, G., "A Multilevel Integration of Personality, Climate, Self-regulation, and Performance", *Personnel Psychology*, Vol. 59, No. 3, 2006, pp. 529 – 557.

④ Seibt, B., Förster, J., "Stereotype Threat and Performance: How Self-stereotypes Influence Processing by Inducing Regulatory Foci", *Journal of Personality & Social Psychology*, Vol. 87, No. 1, 2004, pp. 38 – 56.

⑤ Oyserman, D., Uskul, K., Yoder, N., Nesse, R. M., Williams, D. R., "Unfair Treatment and Self-regulatory Focus", *Journal of Experimental Social Psychology*, Vol. 43, No. 3, 2007, pp. 505 – 512.

体防御聚焦的产生，积极刻板印象的启动诱发个体的促进聚焦①；Cho
提出高管团队的认知多样性越高，高管团队的集体调节导向（Collective
Regulatory Orientation）越趋向于促进聚焦，而高管团队的认知同质性越
高，高管团队的集体调节导向越趋向于防御聚焦②。

二 调节聚焦的结果变量

对于调节聚焦的结果变量，学者主要从工作结果、情绪、目标追求、
组织行为等方面对其进行研究。

（一）调节聚焦对工作相关结果的影响

Rotundo 和 Sackett 认为，工作绩效主要由任务绩效、组织公民行为和
反生产行为构成③，任务绩效与员工的工作任务和责任相关，这些任务不
仅包括制造产品，亦涉及所提供的服务，在较短时间内完成较多的任务
说明员工的任务绩效较高④；组织公民行为是员工自觉从事的行为，涉及
员工工作环境的社会和心理方面的内容，是员工正式工作责任外的行为，
能够提升组织功能的有效性⑤；反生产行为指危害组织或其成员合法利益
的有意行为，影响组织声誉和员工道德⑥。有学者认为，高任务绩效呈现
理想的目标追求，能够满足员工成长、培养需求，产生积极结果，与促
进聚焦的潜在动力相符，而促进聚焦强调挑战性目标，具备坚忍的品质，

① Grimm, L. R., Markman, A. B., Maddox, W. T., Baldwin, G. C., "Stereotype Threat Reinterpreted as a Regulatory Mismatch", *Journal of Personality & Social Psychology*, Vol. 96, No. 2, 2009, pp. 288 – 304.

② Cho, T. S., "Environmental Scanning Behavior of the Top Managers: A Regulatory Focus Model", *Seoul Journal of Business*, Vol. 17, No. 2, 2011, pp. 151 – 166.

③ Rotundo, M., Sackett, P. R., "The Relative Importance of Task, Citizenship, and Counterproductive Performance to Global Ratings of Job Performance: A Policy-capturing Approach", *Journal of Applied Psychology*, Vol. 87, No. 1, 2002, pp. 66 – 80.

④ Borman, W. C., Motowidlo, S. J., "Expanding the Criterion Domain to Include Elements of Contextual Performance", In N. Schmitt & W. C. Borman (eds.), *Personnel Selection in Organizations* (pp. 71 – 98), San Francisco, CA: Jossey-Bass, 1993.

⑤ Organ, D. W., *Organizational Citizenship Behavior: The Good Soldier Syndrome*, Lexington, MA: Lexington Books, 1988.

⑥ Spector, P. E., Fox, S., "An Emotion-centered Model of Voluntary Work Behavior: Some Parallels between Counterproductive Work Behavior and Organizational Citizenship Behavior", *Human Resource Management Review*, Vol. 12, No. 2, 2002, pp. 269 – 292.

能够促进任务绩效的提升①②③。此外,任务绩效最基本的要求是满足工作的责任和义务要求,是其最低的接受标准,避免出现惩罚、解雇等消极的结果;Cremer④、Wallace 等⑤发现,促进聚焦与组织公民行为间存在积极关系,而反生产行为可能对组织产生威胁,对组织成员存在危害,可能与防御聚焦存在消极关系⑥。

与促进聚焦和防御聚焦存在关联的两类工作态度主要是工作满意度和组织承诺。工作满意度代表一种积极的心理和情感状态,促进聚焦强调个体对于环境的积极特征的敏感性,关注于感知到的工作的积极信息,能够影响员工的工作满意度⑦;组织承诺包括情感承诺(Affective Commitment)、规范承诺(Normative Commitment)和持续承诺(Continuance Commitment),情感承诺的员工使其追寻公司目标和价值观的动机内在化,代表理想的结果状态⑧,与促进聚焦更匹配;规范承诺被感知到公司

① Wallace, J. C., Little, L. M., Hill, A. D., Ridge, J. W., "CEO Regulatory Foci, Environmental Dynamism, and Small Firm Performance", *Journal of Small Business Management*, Vol. 48, No. 4, 2010, pp. 580 – 604.

② Stam, D., Knippenberg, D. V., Wisse, B., "Focusing on Followers: The Role of Regulatory Focus and Possible Selves in Visionary Leadership", *Leadership Quarterly*, Vol. 21, No. 3, 2010, pp. 457 – 468.

③ Stam, D. A., Van, K. D., Wisse, B., "The Role of Regulatory Fit in Visionary Leadership", *Journal of Organizational Behavior*, Vol. 31, No. 4, 2010, pp. 499 – 518.

④ De, C. D., Mayer, D. M., Van, D. M., Schouten, B. C., Bardes, M., "When Does Self-sacrificial Leadership Motivate Prosocial Behavior? It Depends on Followers' Prevention Focus", *Journal of Applied Psychology*, Vol. 94, No. 4, 2009, pp. 887 – 899.

⑤ Wallace, J. C., Johnson, P. D., Frazier, M. L., "An Examination of the Factorial, Construct, and Predictive Validity and Utility of the Regulatory Focus at Work Scale", *Journal of Organizational Behavior*, Vol. 30, No. 6, 2009, pp. 805 – 831.

⑥ Neubert, M. J., Kacmar, K. M., Carlson, D. S., Chonko, L. B., Roberts, J. A., "Regulatory Focus as a Mediator of the Influence of Initiating Structure and Servant Leadership on Employee Behavior", *Journal of Applied Psychology*, Vol. 93, No. 6, 2008, pp. 1220 – 1233.

⑦ Brockner, J., Higgins, E. T., "Regulatory Focus Theory Implications for the Study of Emotions at Work", *Organizational Behavior and Human Decision Processes*, Vol. 86, No. 1, 2001, pp. 35 – 66.

⑧ Johnson, R. E., Chang, C-H., Yang, L., "Commitment and Motivation at Work: The Relevance of Employee Identity and Regulatory Focus", *Academy of Management Review*, Vol. 35, No. 2, 2010, pp. 226 – 245.

的职责和义务所驱动①，与防御聚焦相适应；持续承诺帮助员工意识到离开公司的成本②，涉及组织中工作的所得和累计投资的损失③，可能与促进聚焦和防御聚焦存在积极关系④。

此外，Gorman 等运用元分析方法，分析了促进聚焦和防御聚焦维度与工作满意度、组织承诺、领导成员交换、任务绩效和组织公民行为间的关系⑤；Lanaj、Chang 和 Johnson 采用元分析的方法，从工作行为（任务绩效、组织公民行为、反生产工作行为、安全绩效、创新绩效）、工作感知和态度（工作涉入、工作满意度、情感承诺、规范承诺、持续承诺）两方面衡量工作结果，分析了调节聚焦与工作结果间的关系⑥。

（二）调节聚焦对情绪的影响

在目标追求过程中，个体可能需要面对成功和失败，继而导致个体情绪的变动。以往研究发现了调节聚焦对个体情绪强度、性质的影响⑦⑧⑨。Higgins、Shah 和 Friedman 认为，目标在促进聚焦和防御聚焦方面存在差异，长期理想目标（希望和愿望）表现为促进聚焦，应该目标（职责和

① Allen, N. J., Meyer, J. P., "The Measurement and Antecedents of Affective, Continuance and Normative Commitment", *Journal of Occupational Psychology*, Vol. 63, No. 1, 1990, pp. 1 – 18.

② Meyer, J. P., Allen, N. J., *Commitment in the Workplace: Theory, Research, and Application*, Thousand Oaks, CA: Sage, 1997.

③ Taing, M. U., Granger, B. P., Groff, K. W., Jackson, E. M., Johnson, R. E., "The Multidimensional Nature of Continuance Commitment: Commitment Owing to Economic Exchanges Versus Employment Alternatives", *Journal of Business and Psychology*, Vol. 26, No. 3, 2011, pp. 269 – 284.

④ Tseng, H-C., Kang, L-M., "How Does Regulatory Focus Affect Uncertainty Towards Organizational Change?", *Leadership & Organization Development Journal*, Vol. 29, No. 8, 2008, pp. 713 – 731.

⑤ Gorman, C. A., Meriac, J. P., Overstreet, B. L., Apodaca, S., McIntyre, A. L., Park, P., Godbey, J. N., "A Meta-analysis of the Regulatory Focus Nomological Network: Work-related Antecedents and Consequences", *Journal of Vocational Behavior*, Vol. 80, No. 1, 2012, pp. 160 – 172.

⑥ Lanaj, K., Chang, C-H., Johnson, R. E., "Regulatory Focus and Work-related Outcomes: A Review and Meta-analysis", *Psychological Bulletin*, Vol. 138, No. 5, 2012, pp. 998 – 1034.

⑦ Higgins, E. T., Shah, J., Friedman, R., "Emotional Responses to Goal Attainment: Strength of Regulatory Focus as Moderator", *Journal of Personality and Social Psychology*, Vol. 72, No. 3, 1997, pp. 515 – 525.

⑧ Idson, L. C., Liberman, N., Higgins, E. T., "Distinguishing Gains from Nonlosses and Losses from Nongains: A Regulatory Focus Perspective on Hedonic Intensity", *Journal of Experimental Social Psychology*, Vol. 36, No. 3, 2000, pp. 252 – 274.

⑨ Brockner, J., Higgins, E. T., "Regulatory Focus Theory Implications for the Study of Emotions at Work", *Organizational Behavior and Human Decision Processes*, Vol. 86, No. 1, 2001, pp. 35 – 66.

责任）表现为防御聚焦。作为促进和防御目标力量（概念化为目标的可达性）的目标获取的情感反应差异在相关试验中被验证，实验主要对长期目标获得（自我一致或自我差异）与情感频率和强度的相关性以及当前目标获得（成功或失败）与情感强度关系进行了验证。实验发现，促进聚焦更强时，目标获得在情绪上表现为高兴－沮丧（Cheerfulness-Dejection），而防御聚焦更强时，表现为平静－焦虑（Quiescence-Agitation）；Higgins 等区分了促进自豪（Promotion Pride）和防御自豪（Prevention Pride），扩展了以往成就动机模型，认为与促进相关的渴望（促进自豪）、主观过去的成功引导个体趋向于使用渴望的方式通向新任务目标，与防御相关的警惕（防御自豪）、主观历史的成功引导个体使用警惕的方式通向新任务目标①。对于长期和情境导致的成就自豪，实验发现接近任务目标的促进自豪个体采用渴望的方式，防御自豪的个体采用警惕方式。文章中作者通过测量个体调节聚焦及情景诱发的调节聚焦，验证了调节聚焦问卷的信度和效度；Leone、Perugini 和 Bagozzi 探讨了自我调节聚焦在决策制定中对预期情绪的调节作用，研究发现，调节聚焦对消极预期情绪起到调节作用②。促进聚焦强调预测期望中的不满意－满意情绪的作用，防御聚焦强调放松－不安情绪，通过实验法发现，防御聚焦情形下，预期不安导致了更积极的行动评价，而促进聚焦条件下，预期沮丧导致了更积极的行动评价。实验中并未发现涉及积极情绪的交互作用，说明情感信息在动机调节中可能存在不对称性。

（三）调节聚焦对目标追求的影响

根据调节聚焦理论，促进聚焦的个体和防御聚焦的个体在目标追求上存在差异，促进聚焦的个体与成长、发展和培养等目标相关，而防御聚焦的个体对安全、保护目标更敏感。Shah 和 Higgins 将成就目标解释为愿望的促进聚焦获取而带来的成就，对于这些高效价、高期望目标的承

---

① Higgins, E. T., Friedman, R. S., Harlow, R. E., Idson, L. C., Ayduk, O. N., Taylor, A., "Achievement Orientations from Subjective Histories of Success: Promotion Pride Versus Prevention Pride", *European Journal of Social Psychology*, Vol. 31, No. 1, 2001, pp. 3 – 23.

② Leone, L., Perugini, M., Bagozzi, R., "Emotions and Decision Making: Regulatory Focus Moderates the Influence of Anticipated Emotions on Action Evaluations", *Cognition and Emotion*, Vol. 19, No. 8, 2005, pp. 1175 – 1198.

诺帮助个体最大化成长；将成就目标解释为责任的防御聚焦能够带来安全，对于安全目标的承诺告诉你什么是所需的①。成就目标和安全目标承诺最大的本质差异是目标期望效应和目标价值对任务绩效和决策制定的目标承诺的交互影响。作者通过四个实验发现，期望和效价对目标承诺的积极交互效应在促进聚焦个体中得到增强，而在防御聚焦中呈现降低。Shah、Higgins 和 Friedman 采用实验方法分析了调节聚焦如何对目标获得产生影响②。实验 1 发现，与个体促进相关的理想强化了绩效增长，与基于失去和非失去（防御框架）相比，字母排序任务获得的绩效强于基于收益和非收益（促进框架）的货币任务激励框架，相反，与个体防御相关的应该促进了绩效增长；实验 2 进一步阐述了促进框架的任务激励效应，理想自我的个体强化了促进相关的目标获取动机，对于防御框架任务激励而言，应该自我个体强化了防御相关的动机方式，当任务激励的调节聚焦与执行者长期调节聚焦匹配/不匹配时，个体动机和绩效表现更好。

　　在追求目标过程中，人们会受到进展程度的反馈，决定是否继续追求的动机：成功反馈能够坚定对积极目标的追求，失败反馈则降低最积极结果的期望③。Förster、Grant、Idson 和 Higgins 认为，调节聚焦对成功/失败反馈、结果预期和接近/避免动机的关系存在调节作用④。研究发现，当执行者为促进聚焦而非防御聚焦时，接近动机和对成功反馈的高预期更可能发生；当执行者为防御聚焦时，避免动机和对失败预期减少更可能发生。调节聚焦对接近/避免动机和期望的调节作用是相互独立的，意

---

① Shah, J., Higgins, E. T., "Expectancy x Value Effects: Regulatory Focus as Determinant of Magnitude and Direction", *Journal of Personality & Social Psychology*, Vol. 73, No. 3, 1997, pp. 447 – 58.

② Shah, J., Higgins, E. T., Friedman, R. S., "Performance Incentives and Means: How Regulatory Focus Influences Goal Attainment", *Journal of Personality & Social Psychology*, Vol. 74, No. 2, 1998, pp. 285 – 293.

③ Carver, C. S., "Self-regulation of Action and Affect", In R. Baumeister, & K. Vohs (eds.), *Handbook of Self-regulation: Research, Theory and Applications* (pp. 130 – 148), New York: Guilford Press, 2004.

④ Förster, J., Grant, H., Idson, L. C., Higgins, E. T., "Success/Failure Feedback, Expectancies, and Approach/Avoidance Motivation: How Regulatory Focus Moderates Classic Relations", *Journal of Experimental Social Psychology*, Vol. 37, No. 3, 2001, pp. 253 – 260.

味着传统的关于反馈、期望和动机关系的假设需要进一步的修订。Lee 和 Aaker 探讨了调节聚焦相关的目标对信息框架与说服力关系的调节作用①。六个实验结果显示，当信息为促进聚焦时，获得框架中的恳求更具说服力，而损失框架的恳求在信息为防御聚焦时更具说服力。操纵感知风险后，调节聚焦效应表明加剧了警惕的负面结果和强化了渴望的积极结果是可复制的，强调了信息框架效应说服力的调节匹配原则和当目标追求策略与个体目标匹配时，过程流畅性怎样导致感觉正确的体验。Förste、Higgins 和 Bianco 探讨了任务绩效过程中的速度/准确性决策是内置的权衡还是单独的战略问题，通过四个实验发现，不同任务中参与者的调节聚焦影响决策速度/准确性②。在简单的绘画任务中，在长期或情景调节聚焦情形下，与防御聚焦参与者相比，促进聚焦参与者展现出更快、更低准确性的决策绩效，参与者越接近将要完成任务的目标，促进聚焦参与者速度加快、准确性下降，防御聚焦参与者速度降低、准确性上升；在较为复杂的校对任务中，与防御聚焦参与者相比，促进聚焦参与者校对速度更快，而防御聚焦参与者准确性更高，能够找出更多错误。通过速度和简单错误的寻找，促进聚焦参与者能够最大化校对绩效。可见，速度效应独立于准确效应，准确效应独立于速度效应。参与者战略倾向对速度/准确性（或数量/质量）的影响随调节聚焦而变化，并非内置均衡。

（四）调节聚焦对组织行为的影响

学者从组织/员工承诺、创新创业、组织变革、并购、战略联盟和绩效等方面探讨了调节聚焦与组织行为的关系。

组织/员工承诺方面：Meyer、Becker 和 Vandenberghe 发现，承诺的研究者较少关注哪一种动机影响行为的动机过程，动机的研究者则忽略了动机在形式、聚焦和基础方面的区别。为此，作者从理论角度提出了员工承诺和动机的整合模型，发现促进聚焦的员工更容易形成对组织的

---

① Lee, A. Y., Aaker, J. L., "Bringing the Frame Into Focus: The Influence of Regulatory Fit on Processing Fluency and Persuasion", *Journal of Personality & Social Psychology*, Vol. 86, No. 2, 2004, pp. 205 – 218.

② Förster, J., Higgins, E. T., Bianco, A. T., "Speed/accuracy Decisions in Task Performance: Built-in Trade-off or Separate Strategic Concerns?", *Organizational Behavior & Human Decision Processes*, Vol. 90, No. 1, 2003, pp. 148 – 164.

情感承诺，防御聚焦员工更易形成对组织的规范承诺或持续承诺①；Markovits、Ullrich、Dick 和 Davis 基于组织承诺三因素模型，使用调节聚焦理论分析了调节聚焦与组织承诺的关系②。作者利用 520 个私人和公共部门员工数据，使用结构方程模型分析发现，与防御聚焦员工相比，促进聚焦员工与情感承诺存在更强关系，防御聚焦员工比促进聚焦员工更体现为持续承诺，促进聚焦员工和防御聚焦员工对规范承诺存在同等程度影响；Kark 和 Dijk 整合了自我调节聚焦理论和领导自我概念基础理论，形成一个概念框架，分析了领导者长期自我调节聚焦（促进和防御聚焦），以及领导者价值观对领导动机和领导行为的影响③。作者认为，促进聚焦的个体主要由内部动机驱动，其承诺主要体现为发自内心对组织认同的情感承诺；防御聚焦个体由外部动机驱动，承诺更可能为非内心承诺的规范承诺或持续承诺。

创新创业方面：Friedman 和 Förster 分析了与促进聚焦和防御聚焦相关的线索对创新性的影响④。研究发现，促进线索（Promotion Cues）导致被试的风险性、探索过程风格，促进了创造性思维；防御线索（Prevention Cues）引起被试的风险规避、坚持过程风格，阻碍了创造性思维。相对于防御线索，促进线索支持创新性洞察力和创新性产生，产生风险反应偏差和强化新奇反应的记忆搜索；Lam 和 Chiu 研究了调节聚焦在创新性中的动力功能⑤。研究发现，促进聚焦情形下，人们为实现目标会形成许多策略，在创新任务时观点流畅性表现更好；而在防御聚焦情形下，人们寻求避免由于未能实现有价值目标带来的消极结果，即使坚持，创

---

① Meyer, J. P., Becker, T. E., Vandenberghe, C., "Employee Commitment and Motivation: A Conceptual Analysis and Integrative Model", *Journal of Applied Psychology*, Vol. 89, No. 6, 2004, pp. 991 – 1007.

② Markovits, Y., Ullrich, J., Dick, R. V., Davis, A. J., "Regulatory Foci and Organizational Commitment", *Journal of Vocational Behavior*, Vol. 73, No. 3, 2008, pp. 485 – 489.

③ Kark, R., Dijk, D. V., "Motivation to Lead, Motivation to Follow: The Role of the Self-regulatory Focus in Leadership Processes", *Academy of Management Review*, Vol. 32, No. 2, 2007, pp. 500 – 528.

④ Friedman, R. S., Förster, J., "The Effects of Promotion and Prevention Cues on Creativity", *Journal of Personality & Social Psychology*, Vol. 81, No. 6, 2001, pp. 1001 – 1013.

⑤ Lam, W. H., Chiu, C. Y., "The Motivational Function of Regulatory Focus in Creativity", *Journal of Creative Behavior*, Vol. 36, No. 2, 2002, pp. 138 – 150.

新情景下获取成功的可能性仍很小。作者认为，创新性的实现需要创造性事业不同阶段灵活、可选择的调节聚焦的匹配；Brockner、Higgins 和 Low 探索了领导调节聚焦如何对创业（Entrepreneurship）产生影响①，创业过程中的不同元素能够从不同调节聚焦中获得益处，当产生新想法和获取资源后，强促进聚焦能够帮助人们更好引导创业努力，而强防御聚焦帮助领导者避免做出沉没成本的错误决定，并通过尽职调查以更有效地筛选想法；Baas、De Dreu 和 Nijstad 根据现有关于防御聚焦对创造力的影响分歧（促进、阻碍或不存在影响），分析了防御聚焦和特定情绪状态如何相关以及如何促进或抑制创新绩效②。作者认为，防御聚焦状态是否推动创造力依赖于调节终止（目标是否实现），防御聚焦状态的激活（未实现防御目标，恐惧）将导致与促进聚焦相似水平的创造力，但未激活的防御聚焦状态（防御目标的封闭，信念）将导致更低水平的创造力，且感知到的激活在其中起中介作用；Tumasjan 和 Braun 探讨了调节聚焦和自我效能感对机会识别的交互影响作用③。创业者的促进聚焦与机会识别积极相关，防御聚焦与机会识别不存在显著相关性；通过整合调节聚焦理论和自我效能感理论发现，高促进聚焦的创业者能够弥补机会识别过程中自身低水平的创造性和自我效能感；Li 等探讨了感知到的领导调节聚焦模型什么时候导致下属的创造力，并分析了工作复杂性的调节作用④。作者以中国 5 个城市 340 名员工及其主管为样本，研究发现，感知到的领导调节聚焦模型（促进聚焦/防御聚焦）与下属创造力存在相关性；工作复杂性调节了感知领导调节聚焦模型与员工创造力间的

---

① Brockner, J., Higgins, E. T., Low, M. B., "Regulatory Focus Theory and the Entrepreneurial Process", *Journal of Business Venturing*, Vol. 19, No. 2, 2004, pp. 203 – 220.

② Baas, M., De Dreu. C. K., Nijstad, B. A., "A Meta-analysis of 25 Years of Mood-creativity Research: Hedonic Tone, Activation, or Regulatory Focus?", *Psychological Bulletin*, Vol. 134, No. 6, 2008, pp. 779 – 806.

③ Tumasjan, A., Braun, R., "In the Eye of the Beholder: How Regulatory Focus and Self-efficacy Interact in Influencing Opportunity Recognition", *Journal of Business Venturing*, Vol. 27, No. 6, 2011, pp. 622 – 636.

④ Li, L., Li, G., Shang, Y., Xi, Y., "When Does Perceived Leader Regulatory-focused Modeling Lead to Subordinate Creativity? The Moderating Role of Job Complexity", *International Journal of Human Resource Management*, Vol. 26, No. 22, 2015, pp. 1 – 16.

关系。

变革、并购等组织决策、战略方面：Crowe 和 Higgins 通过实验法分析了决策过程中调节聚焦和战略倾向的关系[①]。研究发现，促进聚焦与促进、成长和成就相关联，防御聚焦与保证、安全和责任相关。促进聚焦个体的战略倾向于确保击中和低错误遗漏，防御聚焦倾向于确保正确的拒绝和低误报率，当个体面对困难的工作任务或刚经历失败时，促进聚焦的个体表现更好，倾向于采取渴求战略，而防御聚焦的个体更容易回避，倾向于采取警惕策略；Liberman、Idson、Camacho 和 Higgins 研究了任务替换和授权情境下稳定和变化间的促进聚焦和防御聚焦对决策选择的影响[②]。作者先后采用五个实验，通过情景归纳和调节聚焦长期个性差异的方式，验证了促进聚焦与变革的开放性相关，而防御聚焦容易诱发对稳定的偏好。研究发现，不同调节聚焦的被试接受变革的差异较大，促进聚焦的被试易于接受任务的变化、物品交换，而防御聚焦个体易于接受任务的中断、不愿交换现有或原有物品；Das 和 Kumar 分析了联盟形成过程中调节聚焦和机会主义关系，通过调节聚焦的社会认知原则检验了企业间联盟行为的动机决定因素，特别是联盟在形成、运营和结果阶段中机会主义的角色[③]。调节聚焦是关于一个组织是否通过外部世界获得积极结果（促进聚焦）或避免消极结果（防御聚焦）。作者认为，联盟公司的动机导向在容忍机会主义形成中起到关键作用；与防御聚焦的联盟公司相比，促进聚焦的联盟公司更能够容忍合作者的机会主义行为，并针对联盟公司调节聚焦和联盟形成不同阶段中合作者机会主义敏感性的关系提出了研究命题；Zaal、Van、Ståhl、Ellemers 和 Derks 认为，调节聚焦对社会变革的重要性和可能性对个体集体行动承诺的方式

① Crowe, E. , Higgins, E. T. , "Regulatory Focus and Strategic Inclinations: Promotion and Prevention in Decision Making", *Organizational Behavior and Human Decision Processes*, Vol. 69, No. 2, 1997, pp. 117 – 132.

② Liberman, N. , Idson, L. C. , Camacho, C. J. , Higgins, E. T. , "Promotion and Prevention Choices between Stability and Change", *Journal of Personality & Social Psychology*, Vol. 77, No. 6, 1999, pp. 1135 – 1145.

③ Das, T. K. , Kumar, R. , "Regulatory Focus and Opportunism in the Alliance Development Process", *Journal of Management*, Vol. 37, No. 3, 2011, pp. 682 – 708.

存在影响①。实验结果显示，对促进聚焦个体而言，集体承诺依赖于感知的通过行动影响社会变革能够实现的可能性；无论他们相信实现目标可能性程度怎样，当认识到目标高重要性时，防御聚焦的个体愿意致力于集体承诺；Rhee 和 Fiss 分析了调节聚焦、资源可信度和股票市场反应对毒丸计划（Poison Pill）采用的影响。检验不同的框架语言和框架可信度在辩护有争议的组织行动中的作用，根据调节聚焦理论和资源可信度相关文献，探讨了获得－非损失框架和感知到发言人可信度如何影响利益相关者反应，以及这些行动有效性如何受到情景的影响②。为此，作者以1983 年至 2008 年采取毒丸计划的公司为样本，使用内容分析法和事件研究发现，获得框架与占主导地位的制度逻辑导致了积极的股票市场反应，发言人公告中关于潜在自我利益服务的陈述消极影响股票市场反应，研究说明，有效的框架效应和资源可靠性依赖于发言人的可见性、前期绩效和实践普遍性等情景特征；Gamache、Mcnamara、Mannora 和 Johnson 认为，企业水平的产出可能受到高层管理者调节聚焦的影响，并分析了CEO 的调节聚焦对企业并购行为的影响以及薪酬激励如何对 CEO 的促进聚焦和防御聚焦产生不同影响③。研究发现，CEO 的调节聚焦能够对公司并购数量和规模产生影响，且股票期权薪酬在其中起到调节作用；Tuncdogan、Bosch 和 Volberda 通过文献梳理发现，以往关于领导探索性和利用性活动的研究主要聚焦在组织前因角度，很少关注心理驱动因素。为此，通过领导调节聚焦和探索－利用行为的概念连接，提供了从心理学角度给予解释的理论框架④。作者认为，领导促进聚焦与探索行

①　Zaal, M. P., Van, L. C., Stähl, T., N, Ellemers, B. Derks., "Social Change as an Important Goal or Likely Outcome: How Regulatory Focus Affects Commitment to Collective Action", *British Journal of Social Psychology*, Vol. 51, No. 1, 2012, pp. 93 – 110.

②　Rhee, E. Y., Fiss, P. C., "Framing Controversial Actions: Regulatory Focus, Source Credibility, and Stock Market Reaction to Poison Pill Adoption", *Academy of Management Journal*, Vol. 57, No. 6, 2014, pp. 1734 – 1758.

③　Gamache, D. L., Mcnamara, G., Mannora, M. J., Johnson, R. E., "Motivated to Acquire? The Impact of CEO Regulatory Focus on Firm Acquisitions", *Academy of Management Journal*, Vol. 58, No. 4, 2015, pp. 1261 – 1282.

④　Tuncdogan, A., Bosch, F. V. D., Volberda, H., "Regulatory Focus as a Psychological Micro-foundation of Leaders' Exploration and Exploitation Activities", *Leadership Quarterly*, Vol. 26, No. 5, 2015, pp. 838 – 850.

为间存在更为积极的关系，领导防御积极与利用行为间存在更为积极的关系，并从理论角度提出了决策制定自主权和环境不确定性可能的调节作用；Bhatnagar 和 McKaynesbitt 检验了个体调节聚焦（促进聚焦和防御聚焦）对各种环境责任反应的影响[1]。通过两个实验发现，长期促进聚焦与环境关注、亲环境广告建议的良好态度、广告推荐意图以及广告推荐中坚持自我的积极效应等有关，而长期防御聚焦与环境关注、态度、意图和积极效应并不存在显著相关，与并不遵循亲环境广告建议的自我和他人的消极影响存在较小积极关系。启动促进聚焦强化了建议行为态度、遵循意图和其他直接积极（消极）影响；启动防御聚焦强化了其他直接消极（积极）影响。个体的调节聚焦与关于回收、减少或回收和减少导向的亲环境广告框架间不存在匹配效应。

此外，学者 Wowak 和 Hambrick 认为，管理者调节聚焦是影响管理者对于不同薪酬安排如何反应的重要因素，促进聚焦和防御聚焦个体有着不同水平的风险忍耐性[2]；Shin、Kim、Choi 和 Lee 发现，以往对团队情境下的亚文化研究非常有限，为此，作者从新的视角分析了不同类型的团队文化（内部过程团队文化、人际关系团队文化、理性目标团队文化、开放系统团队文化）、集体调节聚焦与团队绩效间的关系[3]；Kacmar 和 Tucker 使用调节聚焦理论回答了"其他人如何看待我们"的问题，检验了调节聚焦与印象管理（Impression Management）中范例（exemplification）或恳求（supplication）间的关系[4]。

国内众多学者对调节聚焦理论进行了运用和研究，如李磊、尚玉钒

[1] Bhatnagar, N., Mckaynesbitt, J., "Pro-environment Advertising Messages: The Role of Regulatory Focus", *International Journal of Advertising*, Vol. 35, No. 1, 2016, pp. 4–22.

[2] Wowak, A. J., Hambrick, D. C., "A Model of Person-pay Interaction: How Executives Vary in Their Responses to Compensation Arrangements", *Strategic Management Journal*, Vol. 31, No. 8, 2010, pp. 803–821.

[3] Shin, Y., Kim, M., Choi, J. N., Lee, S-H., "Does Team Culture Matter? Roles of Team Culture and Collective Regulatory Focus in Team Task and Creative Performance", *Group & Organization Management*, Vol. 3, No. 5, 2015, pp. 1–34.

[4] Kacmar, K. M., Tucker, R., "The Moderating Effect of Supervisor's Behavioral Integrity on the Relationship between Regulatory Focus and Impression Management", *Journal of Business Ethics*, Vol. 135, No. 1, 2016, pp. 87–98.

和席西民以调节聚焦理论为基础，构建了基于调节聚焦理论的领导力影响模型，揭示了领导通过下属调节聚焦对下属态度、行为的影响机制[1]；李磊和尚玉钒从调节聚焦理论切入，探讨了领导的"行为示范"、"语言框架"和"反馈"通过个体层面的调节聚焦和群体共享调节聚焦对下属创造力的影响过程[2]；李磊、尚玉钒和席西民将调节聚焦理论引入领导与下属创造力关系的研究中，通过构建调节聚焦理论下的领导语言框架与下属关系的模型，分析了领导语言框架对于下属创造力的影响机制[3]；戴鑫、周文容和曾一帆根据调节聚焦理论，通过设计受众调节聚焦特征（促进聚焦、防御聚焦）、信息目标（自己、他人）及信息框架（损失、获得）实验室实验，探讨了不同亲社会行为的广告信息策略[4]。

第三节　研究假设

一　管理者解释与企业环境战略选择

管理者解释是指管理者在经营过程中感知到的自然环境事件和其他信息的过程，在这一过程中管理者根据自然环境状况和自身的能力决定哪些事件或信息被注意，哪些事件或信息被忽略。Dutton 和 Jackson 对战略问题中的环境信息进行了标签分类，主要包括机会解释和威胁解释[5]。机会解释指管理者感知到的积极自然环境为企业提供的收益及其可控状态；威胁解释是指管理者感知到的消极自然环境所导致企业可能的损失和不可控状态。Dutton 和 Jackson 认为，可通过决策者是否以积极－消极方式评估问题、是否将战略问题看作潜在的收益－损失、是否认为

---

[1]　李磊、尚玉钒、席西民：《基于调节焦点理论的领导对下属影响机制研究》，《外国经济与管理》2010 年第 32 卷第 7 期，第 49—56 页。

[2]　李磊、尚玉钒：《基于调节焦点理论的领导对下属创造力影响机理研究》，《南开管理评论》2011 年第 14 卷第 5 期，第 4—11 页。

[3]　李磊、尚玉钒、席西民：《基于调节焦点理论的领导语言框架对下属创造力的影响研究》，《科研管理》2012 年第 33 卷第 1 期，第 127—137 页。

[4]　戴鑫、周文容、曾一帆：《广告信息框架与信息目标对受众亲社会行为的影响研究》，《管理学报》2015 年第 12 卷第 6 期，第 880—887 页。

[5]　Dutton, J. E., Jackson, S. E., "Categorizing Strategic Issues: Links to Organizational Action", *Academy of Management Review*, Vol. 12, No. 1, 1987, pp. 76 – 90.

其可控－不可控来识别战略问题的机会－威胁。虽然机会和威胁存在相关性，但面对复杂的自然环境时，管理者可能同时感知到积极和消极的情感，感知机会和威胁可能同时存在①，因此，机会和威胁是独立的结构，是两个对立的极端，而非一个连续变量的两端②。为此，本书将分别从机会和威胁维度分析管理者解释与企业环境战略选择（前瞻型环境战略和反应型环境战略）的关系。

（一）管理者机会解释与前瞻型环境战略

前瞻型环境战略是从源头减少浪费和防止污染，超越规制要求的自愿实践的自然环境保护的系统方式，将企业面临的环境问题纳入商业战略，采用清洁材料、过程创新、产品重新设计和先进技术等手段，从源头和生命周期全过程解决环境问题。当管理者将面临的自然环境问题解释为企业发展机会时，更可能认为自然环境问题为企业的发展提供了方向，对于企业市场占有率和回报率有着积极作用，从长期看能够帮助企业获得收益，增强掌控未来企业发展的信念③；机会解释更利于管理者抓住自然环境中存在的商机，做出更积极、冒险的战略决策④，管理者更有

① Folkman, S., Lazarus, R. S., "If it Changes it Must be a Process: Study of Emotion and Coping During Three Stages of a College Examination", *Journal of Personality & Social Psychology*, Vol. 48, No. 1, 1985, pp. 150–170.

② Dutton, J. E., Jackson, S. E., "Categorizing Strategic Issues: Links to Organizational Action", *Academy of Management Review*, Vol. 12, No. 1, 1987, pp. 76–90; Thomas, J. B., McDaniel, R. R., "Interpreting Strategic Issues: Effects of Strategy and the Information-processing Structure of Sop Management Teams", *Academy of Management Journal*, Vol. 33, No. 2, 1990, pp. 286–306; Denison, D. R., Dutton, J. E., Kahn, J. A., Hart, S. L., "Organizational Context and the Interpretation of Strategic Issues: A Note on CEOs' Interpretations of Foreign Investment", *Journal of Management Studies*, Vol. 33, No. 4, 1996, pp. 453–474; Chattopadhyay, P., Glick, W. H., Huber, G. P., "Organizational Actions in Response to Threats and Opportunities", *Academy of Management Journal*, Vol. 44, No. 5, 2001, pp. 937–955; White, J. C., Varadarajan, P. R., Dacin, P. A., "Market Situation Interpretation and Response: The Role of Cognitive Style, Organizational Culture, and Information Use", *Journal of Marketing*, Vol. 67, No. 3, 2003, pp. 63–79; Gilbert, C. G., "Change in the Presence of Residual Fit: Can Competing Frames Coexist?", *Organization Science*, Vol. 17, No. 1, 2006, pp. 150–167.

③ Jackson, S. E., Dutton, J. E., "Discerning Threats and Opportunities", *Administrative Science Quarterly*, Vol. 33, No. 3, 1988, pp. 370–387.

④ Thomas, J. B., McDaniel, R. R., "Interpreting Strategic Issues: Effects of Strategy and the Information-processing Structure of Sop Management Teams", *Academy of Management Journal*, Vol. 33, No. 2, 1990, pp. 286–306.

动力参与到自然环境保护行动中，实现企业长期发展目标。

众多学者发现，管理者机会解释对于企业战略行为选择的影响。Hart 认为，管理者认知（如信念、态度、价值观等）对公司环境保护和前瞻型环境战略存在显著影响[1]；Sharma、Pablo 和 Vredenburg 通过案例分析认为，管理者自然环境问题机会解释与企业前瞻型环境战略存在相关性[2]；Sharma 和 Nguan 以北美生物技术行业 96 家个体公司为研究对象，分析了管理者认知对生物多样性保护战略的影响。研究发现，当管理者在不确定环境中具备较高风险偏好时，机会解释能够促使企业采取积极的环境应对战略[3]；Sharma 以加拿大 99 家石油和天然气公司为研究对象，分析了不同管理解释对企业环境战略的影响。研究发现，当管理者认为环境问题是企业面临的机会而非威胁时，更容易采取前瞻型环境战略[4]；Aragón-Correa、Matias-Reche 和 Senise-Barrio 发现一个组织中更多的管理者认为企业应该承担环境责任时，将呈现出较高的高管环境承诺，促进企业环境保护的开展和前瞻型环境战略的推行[5]；Roxas 和 Coetzer 发现，当管理者认为制度环境能够支持公司环境管理实践时，管理者更可能对环境问题形成积极态度[6]，促进前瞻型环境战略的实施。

管理者基于对自身能力和外部环境的认知、解释、关注、利用，以此进行战略行为的选择。尚航标和黄培伦认为，管理认知对企业战略行

---

① Hart, S. L., "A Natural-resource-based View of the Firm", *Academy of Management Review*, Vol. 20, No. 4, 1995, pp. 986 – 1014.

② Sharma, S., Pablo, A. L., Vredenburg, H., "Corporate Environmental Responsiveness Strategies: The Importance of Issue Interpretation and Organizational Context", *Journal of Applied Behavioral Science*, Vol. 35, No. 1, 1999, pp. 87 – 108.

③ Sharma, S., Nguan, O., "The Biotechnology Industry and Strategies of Biodiversity Conservation: The Influence of Managerial Interpretations and Risk Propensity", *Business Strategy and the Environment*, Vol. 8, No. 1, 1999, pp. 46 – 61.

④ Sharma, S., "Managerial Interpretations and Organizational Context as Predictors of Corporate Choice of Environmental Strategy", *Academy of Management Journal*, Vol. 43, No. 4, 2000, pp. 681 – 697.

⑤ Aragón-Correa, J. A., Matias-Reche, F., Senise-Barrio, M. E., "Managerial Discretion and Corporate Commitment to the Natural Environment", *Journal of Business Research*, Vol. 57, No. 9, 2004, pp. 964 – 975.

⑥ Roxas, B., Coetzer, A., "Institutional Environment, Managerial Attitudes and Environmental Sustainability Orientation of Small Firms", *Journal of Business Ethics*, Vol. 111, No. 4, 2012, pp. 461 – 476.

为存在直接和关键性作用①，管理者对于环境问题认知的差异将导致环境战略的不同；杨德锋等利用采掘业、制造业和电力、煤气、水生产和供应业的 134 家上市企业的数据分析发现，管理者越将环境问题解释为商业机会，企业越可能采取前瞻型环境战略②；和苏超等通过对 207 家重污染企业的问卷调查数据分析发现，管理者环境认知是企业采取前瞻型环境战略的重要影响因素，当管理者认为自然环境问题是企业发展机会时，更容易实施前瞻型环境战略③。

因此，本书认为，当管理者将自然环境问题解释为机会时，企业会增加人力、物力、财力等投入，紧抓自然环境中存在的时机，自愿采取前瞻型环境战略，获取先动优势，帮助企业快速发展；此外，前瞻型环境战略的实施能够帮助企业获得"绿色形象"④，提升企业绿色声誉，扩大企业的美誉度，能够获得更多消费者的信任，实现忠诚购买行为。为此，本书认为，当管理者将自然环境问题解释为机会时，更容易采取前瞻型环境战略。综上，本书提出假设：

H1：管理者对自然环境问题的机会解释对企业前瞻型环境战略存在显著正向影响

（二）管理者威胁解释与反应型环境战略

反应型环境战略从服从的角度出发，目的是满足法律法规的要求，主要采用传统的末端治理方式应对自然环境问题⑤；反应型环境战略利用污染处理设备被动进行污染控制，仅仅对出现的环境问题做出反应，高层管理者环境参与度很低，缺乏员工环境培训和参与。当管理者认为所

---

① 尚航标、黄培伦：《管理认知与动态环境下企业竞争优势——万和集团案例研究》，《南开管理评论》2010 年第 13 卷第 3 期，第 70—79 页。

② 杨德锋、杨建华、楼润平、姚卿：《利益相关者、管理认知对企业环境保护战略选择的影响——基于我国上市公司的实证研究》，《管理评论》2012 年第 24 卷第 3 期，第 140—149 页。

③ 和苏超、黄旭、陈青：《管理者环境认知能够提升企业绩效吗？——前瞻型环境战略的中介作用与商业环境不确定性的调节作用》，《南开管理评论》2016 年第 19 卷第 6 期，第 49—57 页。

④ 田虹、潘楚林：《前瞻型环境战略对企业绿色形象的影响研究》，《管理学报》2015 年第 12 卷第 7 期，第 1064—1071 页。

⑤ Hart, S. L., "A Matural-resource-based View of the Firm", *Academy of Management Review*, Vol. 20, No. 4, 1995, pp. 986 – 1014.

面临的自然环境问题对企业的发展存在消极影响，可能导致企业的损失，而管理者对于这一情况难以控制时，可能导致管理者心理上的压力和焦虑①，导致管理者趋于追求惯例行动，引起收缩控制、资源保存等风险规避行为；威胁解释容易诱发管理者防御心态，减少外部资源承诺和创新活动，更可能追求可控、低风险的组织行动②。

在面对自然环境问题时，威胁解释的管理者更可能将其视为企业发展的障碍，害怕由于改变现有遵循战略而给企业带来损失，对于企业可能产生更多的消极影响，管理者对于自然环境的可控性降低，维持现有的反应战略成为最优选择。Sharma、Pablo 和 Vredenburg 分析了加拿大石油行业 7 家公司过去 15 年的环境响应战略。作者发现，其中 5 家公司仅在制度压力下对环境问题作出反应，且直到强制执行和不得不做的时候才采取环境保护行动，环境战略的自主性和控制性较低，表现为风险规避和责任的减少，即采取反应型环境战略③。反应型环境战略的企业将污染控制设备、环境审计等投资需求、清理泄漏等不良结果导致的费用等一些必须处理的自然环境问题期望为损失；相对于原因和结果关系的不确定性和模糊性，组织行动和环境影响间的关系可能导致环境问题较高的不确定性。与管理者自然环境问题解释为威胁（损失、消极、不可控）相对应，作者认为，管理者自然环境问题的威胁解释与企业反应型环境战略存在积极关系。

当管理者将自然环境问题解释为威胁时，更可能遵循企业和行业惯例，采用遵循国家、行业等的环保要求，仅对规制做出反应，管理者和员工参与度有限，自主性、控制性较低，且不会采取主动、前瞻性自然环境保护措施；面对威胁时，管理者更多体现为风险规避，强调尽责，满足制度压力和相关要求即可。为此，本书认为，当管理者将自然环境

① Staw, B. M., "Dressing up Like an Organization: When Psychological Theories can Explain Organizational Action", *Journal of Management*, Vol. 17, No. 4, 1991, pp. 805 – 819.

② Dutton, J. E., Jackson, S. E., "Categorizing Strategic Issues: Links to Organizational Action", *Academy of Management Review*, Vol. 12, No. 1, 1987, pp. 76 – 90.

③ Sharma, S., Pablo, A. L., Vredenburg, H., "Corporate Environmental Responsiveness Strategies: The Importance of Issue Interpretation and Organizational Context", *Journal of Applied Behavioral Science*, Vol. 35, No. 1, 1999, pp. 87 – 108.

问题解释为威胁时，更容易采取反应型环境战略。综上，本书提出假设：

H2：管理者对自然环境问题的威胁解释对企业反应型环境战略存在显著正向影响

二 调节聚焦的中介作用

（一）管理者解释与调节聚焦的关系

组织是一个复杂的解释体统，管理者需要根据自身知识和外部环境选择性的认知，简化对外部环境的认知过程[①]。由于外部环境的模糊性和不确定性，管理者通过意义建构（Sensemaking）和释义（Sensegiving）识别外部环境，并利用自身认知图式对外部信息进行加工、整理，形成对战略问题的标签化[②]："机会解释"和"威胁解释"。在对自然环境问题的解释过程中，不同的解释可能诱发不同的调节系统，Higgins[③]、Seibt和Förster[④]、Oyserman等[⑤]学者认为，个体的挑战和威胁能够诱发调节聚焦，并探讨了个体的挑战和威胁对于调节聚焦的影响。为此，本书分别探讨了不同类型的管理者自然环境解释与不同调节聚焦的关系。

1. 管理者机会解释与促进聚焦

管理者认为，自然环境对企业发展存在积极影响，能够控制和帮助企业获得时，会将自然环境解释为企业的机会；当企业管理者将其面临的自然环境问题解释为企业发展机会时，管理者更倾向于采取冒险性、积极的、创新的决策，更可能采取促进聚焦的问题解决方式。一方面，机会解释能够唤起管理者的积极情绪，减轻管理者的心理不适反应，增

① White, J. C., Varadarajan, P. R., Dacin, P. A., "Market Situation Interpretation and Response: The Role of Cognitive Style, Organizational Culture, and Information Use", *Journal of Marketing*, Vol. 67, No. 3, 2003, pp. 63 – 79.

② 奉小斌：《集群新创企业平行搜索对产品创新绩效的影响：管理者解释与竞争强度的联合调节效应》，《研究与发展管理》2016年第28卷第4期，第11—21页。

③ Higgins, E. T., "Beyond Pleasure and Pain", *American Psychologist*, Vol. 52, No. 12, 1997, pp. 1280 – 1300.

④ Seibt, B., Förster, J., "Stereotype Threat and Performance: How Self-stereotypes Influence Processing by Inducing Regulatory Foci", *Journal of Personality & Social Psychology*, Vol. 87, No. 1, 2004, pp. 38 – 56.

⑤ Oyserman, D., Uskul, K., Yoder, N., Nesse, R. M., Williams, D. R., "Unfair Treatment and Self-regulatory Focus", *Journal of Experimental Social Psychology*, Vol. 43, No. 3, 2007, pp. 505 – 512.

强处理未来事件的自信和掌控力，增加企业创新投入，提升管理者对于成长、发展和培养等内在需求的追求。机会解释能够帮助管理者瞄准自然环境带来的机会，选择比竞争对手相对领先的战略[1]，促进外部技术和市场知识转化为新产品的速度[2]，确保积极结果的出现；另一方面，自然环境的机会解释，能够帮助管理者更快地从外部自然环境中获取知识，将目光聚焦于更加长远的未来，注重自身的发展和成长，帮助管理者形成对积极结果的预期，与促进聚焦形成良好的匹配。

Higgins、Seibt 和 Förster、Oyserman 等认为，挑战的经历能够导致促进聚焦的产生。Seibt 和 Förster 认为，激活的刻板印象能够通过调节聚焦对任务解决策略产生影响，积极的自我刻板印象能够导致渴求的促进聚焦状态，尤其在确保"击中"的途径中[3]。当所拥有的资源满足或超过需求时，挑战产生。挑战能够引起个体对于积极结果的敏感性，促使个体采用冒险的手段对问题进行研究和解决，能够在挑战过程中实现"理想自我"，满足自身的成长、发展需求。挑战能够帮助个体创造或利用自然环境中存在的机会，实现个体或组织的成长，可见，从战略匹配的视角，管理者自然环境的机会解释与其促进聚焦存在积极关系。综上，本书提出假设：

H3：管理者对自然环境问题的机会解释对管理者促进聚焦存在显著正向影响

2. 管理者威胁解释与防御聚焦

管理者感知到的自然环境的威胁可能诱发管理者防御聚焦。当没有足够资源满足高需求时，便会产生威胁[4]。威胁的个体能够感知到潜在的损失，为减少损失，保证企业平稳发展，致使管理者可能采取确保"正

---

① Marcel, J. J., Barr, P. S., Duhaime, I. M., "The Influence of Executive Cognition on Competitive Dynamics", *Strategic Management Journal*, Vol. 32, No. 2, 2011, pp. 115 – 138.

② White, J. C., Varadarajan, P. R., Dacin, P. A., "Market Situation Interpretation and Response: The Role of Cognitive Style, Organizational Culture, and Information Use", *Journal of Marketing*, Vol. 67, No. 3, 2003, pp. 63 – 79.

③ Seibt, B., Förster, J., "Stereotype Threat and Performance: How Self-stereotypes Influence Processing by Inducing Regulatory Foci", *Journal of Personality & Social Psychology*, Vol. 87, No. 1, 2004, pp. 38 – 56.

④ Blascovich, J., Tomaka, J., "The Biopsychosocial Model of Arousal Regulation", *Advances in Experimental Social Psychology*, Vol. 28, No. 3, 1996, pp. 1 – 51.

确的拒绝"，避免失误；管理者威胁的感知对于消极事件更加敏感，以保守策略应对威胁成为企业的最优选择。

当所面对的自然环境存在较大不确定性和动态性时，若管理者没有足够的能力和资源对其进行控制，可能存在对企业造成损失的风险，容易导致管理者形成对自然环境的威胁解释，致使其采取规避风险、安全稳定和保守稳妥的策略[1]，与防御聚焦个体呈现出的躲避、安全和保护相匹配。注意力基础观认为，管理者做出的决策与管理者注意力聚焦、特定的环境情景以及企业资源和能力等存在关联，若管理者将注意力聚焦于自然环境带来的威胁时，基于安全、保护等内在需求及风险规避的考虑，管理者倾向于避免消极结果的出现，采取警觉策略保持企业的稳定成为企业的较优选择。

处于危险情境中将会诱发警惕系统，对消极结果更敏感，强化个体防御聚焦[2]；Seibt 和 Förster 认为，消极的刻板印象能够导致警惕的防御聚焦状态[3]；Grimm 等通过实验法发现，刻板印象威胁导致防御聚焦的产生[4]。管理者对自然环境问题的威胁解释，一方面，增加了管理者的焦虑感，增大了不可控因素的感知，管理者为确保企业在不确定环境中的安全，可能采取降低风险、减少创新等措施避免损失；另一方面，管理者对于自然环境问题的威胁解释，可能导致管理者对于环境问题识别的消极刻板印象，诱发管理者的防御聚焦。综上，本书提出假设：

H4：管理者对自然环境问题的威胁解释对管理者防御聚焦存在显著正向影响

---

① Chattopadhyay, P., Glick, W. H., Huber, G. P., "Organizational Actions in Response to Threats and Opportunities", *Academy of Management Journal*, Vol. 44, No. 5, 2001, pp. 937 – 955.

② Oyserman, D., Uskul, K., Yoder, N., Nesse, R. M., Williams, D. R., "Unfair Treatment and Self-regulatory Focus", *Journal of Experimental Social Psychology*, Vol. 43, No. 3, 2007, pp. 505 – 512.

③ Seibt, B., Förster, J., "Stereotype Threat and Performance: How Self-stereotypes Influence Processing by Inducing Regulatory Foci", *Journal of Personality & Social Psychology*, Vol. 87, No. 1, 2004, pp. 38 – 56.

④ Grimm, L. R., Markman, A. B., Maddox, W. T., Baldwin, G. C., "Stereotype Threat Reinterpreted as a Regulatory Mismatch", *Journal of Personality & Social Psychology*, Vol. 96, No. 2, 2009, pp. 288 – 304.

（二）调节聚焦与企业环境战略选择

调节聚焦理论最早由 Higgins（1997）提出，是指个体在目标实现过程中所表现出的自我调节的焦点或方式。个体对于不同目标的追寻导致不同调节系统的激活，理想状态目标被激活的调节系统被称为促进聚焦，激活与应该状态的目标相关的调节系统被称为防御聚焦。促进聚焦和防御聚焦在个体内在需求、目标状态、心理情景等方面存在差异。促进聚焦的个体注重成长、发展和培养，努力实现理想自我，渴望积极结果的出现，使用渴望策略，确保"击中"；防御聚焦的个体注重安全和保护需求，表现为责任和义务的应该自我，避免呈现消极结果，采用警惕策略，确保"正确拒绝"。

调节匹配（Regulatory Fit）是指个体的自我调节聚焦与其行为策略间的匹配，当不同调节聚焦的个体与其各自所偏好的行为方式形成匹配时，就形成了调节匹配。具体来讲，促进聚焦的个体对积极结果是否出现更加敏感，更可能采取渴望－接近策略；防御聚焦个体对消极结果是否出现更加敏感，可能采取警惕－回避策略。当促进聚焦与渴望－接近策略、防御聚焦与警惕－回避策略分别相匹配时，"正确感""价值感"激励人们产生更强的动机[1]。当特定的调节聚焦与相应的行为匹配时，会产生调节匹配效应，增强个体当前行为的"正确感"和"价值感"[2]，增强自身决策判断的自信心[3]，促进当前行为的进一步开展。

调节聚焦与战略决策制定的关键维度存在直接关系，学者们从不同角度进行了相关研究：从目标决策制定者聚焦的突出性，如进攻－成就导向

---

[1] Camacho, C. J., Higgins, E. T., Luger, L., "Moral Value Transfer from Regulatory Fit: What Feels Right is Right and What Feels Wrong is Wrong", *Journal of Personality & Social Psychology*, Vol. 84, No. 3, 2003, pp. 498 – 510; Avnet, T., Higgins, E. T., "Erratum to Locomotion, Assessment, and Regulatory Fit: Value Transfer from 'How' to 'What'", *Journal of Experimental Social Psychology*, Vol. 39, 2003, pp. 525 – 530.

[2] Cesario, J., Higgins, E. T., Scholer, A. A., "Regulatory Fit and Persuasion: Basic Principles and Remaining Questions", *Social & Personality Psychology Compass*, Vol. 2, No. 1, 2007, pp. 444 – 463.

[3] 段锦云、周冉、陆文娟、李晶、朱宜超：《不同反应线索条件下调节匹配对建议采纳的影响》，《心理学报》2013 年第 1 期，第 104—113 页。

目标或防御－安全导向目标①②、调节聚焦影响决策制定者信息不同类型的突出性以及用于制定和证明决策的信息类型③、调节聚焦影响决策制定的结构和决策过程全面性程度等结构属性、调节聚焦影响个体怎样看待目标和使用怎样的策略方式实现目标④及影响人们怎么评估企业的战略选择以及选择什么样的行动路线去追寻企业的战略⑤。管理者调节聚焦会对资源配置、符合行业标准、新产品开发情况、公司经营范围和规模等战略决策产生影响，且 Gamache 等认为，CEO 的调节聚焦能够广泛影响企业的战略决策，人们的调节聚焦能够对其战略行动偏好产生影响，对企业环境战略选择存在影响。为此，对不同类型调节聚焦与企业环境战略选择的关系进行了探索。

1. 管理者促进聚焦与前瞻型环境战略

促进聚焦与成长、发展和培养需求相关，关注获得性战略偏好，能够积极搜寻和评估潜在的自然环境机会，善于抓住和利用自然环境机会，有较高动机采取前瞻型环境战略。

首先，促进聚焦的管理者有更强的动机实施前瞻型环境战略。促进聚焦的管理者关注成就和获得⑥⑦，敢于和善于冒风险⑧，受成长和发展

① Johnson, R. E., Chang, C.-H., Yang, L., "Commitment and Motivation at Work: The Relevance of Employee Identity and Regulatory Focus", *Academy of Management Review*, Vol. 35, No. 2, 2010, pp. 226 – 245.

② Lanaj, K., Chang, C.-H., Johnson, R. E., "Regulatory Focus and Work-related Outcomes: A Review and Meta-analysis", *Psychological Bulletin*, Vol. 138, No. 5, 2012, pp. 998 – 1034.

③ Higgins, E. T., Spiegel, S., "Promotion and Prevention Strategies for Self-regulation: A Motivated Cognition Perspective", In R. Baumeister and K. Vohs (eds.), *Handbook of self-regulation*, 2004, pp. 171 – 187.

④ Scholer, A. A., Higgins, E. T., "Distinguishing Levels of Approach and Avoidance: An Analysis Using Regulatory Focus Theory", In A. J. Elliot (ed.), *Handbook of Approach and Avoidance Motivation* (pp. 489 – 503), New York, NY: Psychology Press, 2008.

⑤ Gamache, D. L., Mcnamara, G., Mannora, M. J., Johnson, R. E., "Motivated to Acquire? The Impact of CEO Regulatory Focus on Firm Acquisitions", *Academy of Management Journal*, Vol. 58, No. 4, 2015, pp. 1261 – 1282.

⑥ Brockner, J., Higgins, E. T., "Regulatory Focus Theory Implications for the Study of Emotions at Work", *Organizational Behavior and Human Decision Processes*, Vol. 86, No. 1, 2001, pp. 35 – 66.

⑦ Higgins, E. T., "Beyond Pleasure and Pain", *American Psychologist*, Vol. 52, No. 12, 1997, pp. 1280 – 1300.

⑧ Gamache, D. L., Mcnamara, G., Mannora, M. J., Johnson, R. E., "Motivated to Acquire? The Impact of CEO Regulatory Focus on Firm Acquisitions", *Academy of Management Journal*, Vol. 58, No. 4, 2015, pp. 1261 – 1282.

需求影响，在面对自然环境问题时有动力和能力帮助企业自愿、积极地应对，获得先动优势，实施前瞻型环境战略。其次，促进聚焦与探索导向相关联①，增加了搜寻潜在自然环境问题中蕴含机会的可能性。促进聚焦的管理者能够在更大的范围利用相关资源和能力，探索、利用存在的机会，将更多注意力集中在自然环境问题带来的机会上，通过潜在的协调效应、乐观的预测和未来的市场评估帮助企业形成前瞻型环境战略。最后，促进聚焦的管理者有较强的动机利用感知的收益②，确保"击中"和避免遗漏错误，使管理者认识到前瞻型环境战略能够帮助企业获取潜在收益，避免失去获得先动优势的机会。促进聚焦的管理者具备较好的环境素养，善于通过前瞻型环境战略树立企业环境保护形象，有动机自愿地采取前瞻型环境战略。

Brockner 等探索了领导调节聚焦对创业的影响③。创业过程中不同元素能够从不同调节聚焦中获得收益，当产生新的想法和获得资源时，较强的促进聚焦帮助人们更好地引导创业努力，较强防御聚焦能够帮助领导者避免沉没成本的错误和更有效的筛选想法；Das 等分析了调节聚焦对联盟形成过程的影响④。研究发现，促进聚焦导致了对于合作者机会主义行为更弱的敏感性，提升了谈判速度和长期关系更快的承诺意愿，而防御聚焦导致了合作者对评估战略匹配关注的提升，减少了联盟伙伴分享信息的意愿和处理伙伴间冲突的积极态度；Bhatnagar 等认为，促进聚焦的个体对于亲环境广告推荐存在积极态度，并有着强烈的意愿去履行广告推荐的行为⑤。

促进聚焦的管理者能够对资源进行重新配置，善于开发新产品，便

---

① Friedman, R. S., Förster, J., "The Effects of Promotion and Prevention Cues on Creativity", *Journal of Personality & Social Psychology*, Vol. 81, No. 6, 2001, pp. 1001 – 1013.

② Crowe, E., Higgins, E. T., "Regulatory Focus and Strategic Inclinations: Promotion and Prevention in Decision Making", *Organizational Behavior and Human Decision Processes*, Vol. 69, No. 2, 1997, pp. 117 – 132.

③ Brockner, J., Higgins, E. T., Low, M. B., "Regulatory Focus Theory and the Entrepreneurial Process", *Journal of Business Venturing*, Vol. 19, No. 2, 2004, pp. 203 – 220.

④ Das, T. K., Kumar, R., "Regulatory Focus and Opportunism in the Alliance Development Process", *Journal of Management*, Vol. 37, No. 3, 2011, pp. 682 – 708.

⑤ Bhatnagar, N., Mckaynesbitt, J., "Pro-environment Advertising Messages: The Role of Regulatory Focus", *International Journal of Advertising*, Vol. 35, No. 1, 2016, pp. 4 – 22.

于搜寻和利用自然环境中蕴含的机会，并能够集中更多的精力在自然环境提供的机会上，通过对未来美好的预测、市场评估等帮助企业形成自愿、积极的前瞻型环境战略；此外，根据调节匹配理论，促进聚焦的管理者强调环境战略可能为企业带来声誉、收益等，与前瞻型环境战略这一自愿、积极的环境战略能够形成良好的匹配，即促进聚焦的管理者在面对自然环境问题时由于渴望获得良好的声誉和企业收益，趋近积极的结果，更倾向与前瞻型环境战略达成匹配。综上，本书提出假设：

H5：管理者促进聚焦对企业前瞻型环境战略存在显著正向影响

2. 管理者防御聚焦与反应型环境战略

管理者防御聚焦与安全、保护需求相关，强调职责、责任，对消极结果的出现和缺乏更加敏感，主张通过采用警惕策略减少不确定性和脆弱性的保守方法，强调准确性和品质，趋向于通过坚持规则和传统惯例创建安全感[1]。

首先，防御聚焦的管理者受"应该"状态影响，更加关注责任和义务，存在较高的安全、保护需求。反应型环境战略仅仅对环境规制要求、行业标准作出被动、应该反应，利用现有设备和技术处理自然环境问题，新增投入较少，能够在一定时间内保持企业的利润水平，使管理者处于"安全"范围内，不致由于业绩的下滑而任其受到威胁。其次，防御聚焦的管理者趋向于采取警惕策略，避免出现错误决策，呈现出风险规避状态。对于环境战略而言，较高防御聚焦的管理者关注由于采取前瞻型环境战略而带来的成本上升和可能的决策失误，而对于错失其带来的机会并不敏感。由于未来可能存在的不确定性，防御聚焦的管理者更可能关注行动的短期结果[2]，"速胜"动机的管理者[3]更可能遵循惯例，尽责处

① Higgins, E. T., Spiegel, S., "Promotion and Prevention Strategies for Self-regulation: A Motivated Cognition Perspective", In R. Baumeister and K. Vohs (eds.) *Handbook of Self-regulation*, 2004, pp. 171 – 187.

② Joireman. J., Shaffer, M. J., Balliet, D., Strathman, A., "Promotion Orientation Explains Why Future-oriented People Exercise and Eat Healthy: Evidence from the Two-factor Consideration of Future Consequences – 14 Scale", *Personality and Social Psychology Bulletin*, Vol. 38, No. 10, 2012, pp. 1272 – 1287.

③ 刘鑫、薛有志：《CEO 继任、业绩偏离度和公司研发投入——基于战略变革方向的视角》，《南开管理评论》2015 年第 18 卷第 3 期，第 34—47 页。

理好现有的自然环境问题，对相关规则、标准、要求作出反应。最后，防御聚焦的管理者更多呈现风险规避状态，创新动力不足，与反应型环境战略通过末端治理方式应对自然环境问题相符合。可见防御聚焦管理者更可能采取反应型环境战略。

此外，Friedman发现，防御线索引起被试的风险规避、坚持过程风格，阻碍创造性思维[①]；Wowak等强调防御聚焦的CEO可能尤其关注集成困难的问题和相关专业知识的缺乏[②]；Bhatnagar等发现，防御聚焦的个体与环境关注、环境态度、环境保护行为意向以及环境保护积极情感间不存在显著相关性[③]。说明防御聚焦的个体创新性不足，可能缺乏自然环境问题识别、利用和保护等方面的知识，仅仅遵循规制要求和惯例，避免出现重大环境失误，满足基本环境责任要求成为防御聚焦管理者的选择。根据调节匹配理论（Regulatory Focus Thoery），管理者感知的反应型环境战略强调满足基本的规则要求，达到规定的责任和义务，与防御聚焦的管理者形成匹配，即防御聚焦的管理者在应对自然环境问题时警惕可能导致的损失，往往采取警惕策略以应对可能导致的破坏和损失，回避消极结果的出现，更倾向与反应型环境战略达成匹配。综上，本书提出假设：

H6：管理者防御聚焦对企业反应型环境战略存在显著正向影响

（三）管理者解释与企业环境战略选择：调节聚焦的中介作用

认知是人们对外部环境和组织刺激的感知、解释、价值判断和意念建构的能力，是决策和行为的基础[④]，管理者认知是指管理者所拥有的知识和环境解释特质，是一种认知过程，反映了管理者特有的知识结构和

---

① Friedman, R. S., Förster, J., "The Effects of Promotion and Prevention Cues on Creativity", *Journal of Personality & Social Psychology*, Vol. 81, No. 6, 2001, pp. 1001 – 1013.

② Wowak, A. J., Hambrick, D. C., "A Model of Person-pay Interaction: How Executives Vary in Their Responses to Compensation Arrangements", *Strategic Management Journal*, Vol. 31, No. 8, 2010, pp. 803 – 821.

③ Bhatnagar, N., Mckaynesbitt, J., "Pro-environment Advertising Messages: The Role of Regulatory Focus", *International Journal of Advertising*, Vol. 35, No. 1, 2016, pp. 4 – 22.

④ Tegarden, D. P., Sheetz, S. D., "Group Cognitive Mapping: A Methodology and System for Capturing and Evaluating Managerial and Organizational Cognition", *Omega*, Vol. 31, No. 2, 2003, pp. 113 – 125.

认知模式，是管理者对外部环境议题的关注、解释过程。管理者认知影响企业战略行为的途径主要包括信息搜寻、信息诊断和行为选择①，邓少军和芮明杰通过浙江金信公司战略转型的实例分析，构建了高层管理者认知影响企业双元能力构建与转型成效的理论框架，其认为高层管理者认知能够影响企业后续行动的选择，进而影响企业能力的表现（结构型双元能力、情景型双元能力和领导型双元能力）及企业转型成效（持续发展、战略构建、业绩提升和地位凸显）②。认知评价决定情感和心理反应的本质③，且认知评价过程决定压力相关的反应④。管理者认知能够对其心理状态及压力相关的反应产生影响，即管理者认知能够对管理者个体的调节聚焦产生影响，进而影响其响应行为的产生。管理者解释作为认知的一种，亦能够对管理者个体的心理状态和相应行为产生影响，当管理者将面临的自然环境解释为机会时，可能诱发管理者的积极心理，渴求新技术、新方式以帮助企业获得积极、良好的结果，诱发促进聚焦，进而促使管理者响应为积极的行为，选择超越现有环境标准的前瞻型环境战略；当管理者将面临的自然环境问题解释为威胁时，可能使管理者产生消极心理，以避免损失、保持现有发展为首要原则，对消极结果的出现更加敏感，诱发管理者防御聚焦，促使管理者响应为消极的行为，选择遵守规制、仅对行业标准作出消极应对的反应型环境战略。

此外，管理者通过对外部环境的获取、筛选，为管理者提供战略问题的解释方式，以决定是否将面临的问题提升到战略日程。一方面，管理者解释作为认知的一种方式，能够通过影响决策过程，进而影响决策结果。当管理者将面临的自然环境解释为机会时，能够唤起管理者决策过程中的积极情绪，增加对决策过程的控制性，诱发管理者个体的成长、

---

① 尚航标、黄培伦：《管理认知与动态环境下企业竞争优势——万和集团案例研究》，《南开管理评论》2010 年第 13 卷第 3 期，第 70—79 页。

② 邓少军、芮明杰：《高层管理者认知与企业双元能力构建——基于浙江金信公司战略转型的案例研究》，《中国工业经济》2013 年第 11 期，第 135—147 页。

③ Lazarus, R. S., "Progress on a Cognitive-motivational-relational Theory of Emotion", *American Psychologist*, Vol. 46, No. 8, 1991, pp. 819 – 834.

④ Smith, C. A., Lazarus, R. S., "Appraisal Components, Core Relational Themes and the Emotions", *Cognition and Emotion*, Vol. 7, No. 3 – 4, 1993, pp. 233 – 269.

发展需求，促使管理者采取积极、冒险、突破性的搜索决策①，使管理者选择比竞争对手相对领先的战略②；当管理者将面临的自然环境问题解释为威胁时，在决策过程中控制性降低、保守性增强，诱发管理者个体的安全、防御需求，会考虑将有限的资源投入最优的产品和服务当中③，更可能强化对现有产品和技术的应用和开发，采用模仿、维持、保守稳妥的战略④。

另一方面，管理者对于自然环境的解释方式（机会解释、威胁解释）能够对管理者应对自然环境问题而采取的具体手段产生影响，进而能够帮助企业做出环境战略选择。解释方式的差异可能导致管理者采取不同的手段对面临的自然环境问题进行分析、解决，当管理者将面临的自然环境问题解释为机会时，增强了管理者对于积极结果出现的预期，满足管理者成长、发展等需求，促进企业愿景的实现。因此，管理者有动力利用企业的资源和能力，扩大投入，促进企业前瞻型环境战略的实施；管理者将自然环境问题解释为威胁时，管理者预期可能出现消极结果，采取风险规避、保守安全的策略能够降低消极影响，尽到责任和确保"正确的拒绝"成为管理者的较优选择，此时，企业更可能采取反应型环境战略。综上，本书提出假设：

H7：管理者促进聚焦在管理者对自然环境问题的机会解释与企业前瞻型环境战略关系中起中介作用

H8：管理者防御聚焦在管理者对自然环境问题的威胁解释与企业反应型环境战略关系中起中介作用

---

① 奉小斌：《集群新创企业平行搜索对产品创新绩效的影响：管理者解释与竞争强度的联合调节效应》，《研究与发展管理》2016年第28卷第4期，第11—21页。

② Marcel, J. J., Barr, P. S., Duhaime, I., M., "The Influence of Executive Cognition on Competitive Dynamics", *Strategic Management Journal*, Vol. 32, No. 2, 2011, pp. 115–138.

③ Cruz-González, J., López-Sáez, P., Navas-López, J. E., "Open Search Strategies and Firm Performance: The Different Moderating Role of Technological Environmental Dynamism", *Technovation*, Vol. 35, No. 1, 2015, pp. 32–45.

④ Ozer, M., Zhang, W., "The Effects of Geographic and Network Ties on Exploitative and Exploratory Product Innovation", *Strategic Management Journal*, Vol. 36, No. 7, 2014, pp. 1105–1114.

三　组织结构的调节作用

组织结构通常采用机械式和有机式两种特征进行衡量[①]。机械式组织结构又称官僚行政式组织结构，权力集中程度较高，各部门具有相对更为正式的角色和任务，具有严格的层级控制体系，以效率为导向，标准化程度较高，专业化的业务流程，通过程序、规则、规范和标准保证组织的有效运行，具有根深蒂固和自以为是的观念和知识体系；有机式组织结构又称适应式组织结构，权力较为分散，较少的正式性，具备松散、灵活和高适应性等特征，标准化程度较低，部门间的职能界限模糊，便于进行直接、横向和斜向的沟通、协调，对环境变化反应更敏感，能够更好地适应自然环境的变化，识别自然环境中存在的机会，开放的风险承担，鼓励创新和开拓精神，有利于知识和信息的整合与机会的利用，有利于实现突破性创新[②]。

对于组织结构的调节作用，学者们从不同角度进行了研究：张光磊等以 121 家科技型企业为研究对象，分析了组织结构对企业技术能力与自主创新方式关系的调节作用，研究发现，企业有机式组织结构中，技术能力对企业自主创新的创新深度的正向影响更大[③]；杨付和张丽华利用 75 个工作团队的 334 份有效问卷探讨了工作单位结构对员工认知风格与员工创新行为关系的调节作用，研究发现，有机式组织结构中，高认知风格（学习型风格、创造型风格）的员工，表现出更多创新行为[④]；李云等通过对 321 份有效问卷的分析，探讨了组织结构对上下级"关系"与职业成长关系的调节作用，研究发现，组织结构越接近有机式，两者间的正向关系越强[⑤]。本研究希望探讨组织

[①]　Burns, T., Stalker, G. M., *The Management of Innovation*, London: Tavistock, 1961.

[②]　陈建勋、凌媛媛、王涛：《组织结构对技术创新影响作用的实证研究》，《管理评论》2011 年第 23 卷第 7 期，第 62—71 页。

[③]　张光磊、廖建桥、周和荣：《组织结构、技术能力与自主创新方式——基于中国科技型企业的实证研究》，《研究与发展管理》2010 年第 22 卷第 1 期，第 1—9 页。

[④]　杨付、张丽华：《团队成员认知风格对创新行为的影响：团队心理安全感和工作单位结构的调节作用》，《南开管理评论》2012 年第 15 卷第 5 期，第 13—25 页。

[⑤]　李云、李锡元：《上下级"关系"影响中层管理者职业成长的作用机理——组织结构与组织人际氛围的调节作用》，《管理评论》2015 年第 27 卷第 6 期，第 120—127 页。

结构在管理者调节聚焦与企业环境战略选择中的边界作用，以明晰不同组织结构中，管理者调节聚焦与企业环境战略关系有着怎样的变化。

　　管理者个体的调节聚焦与企业环境战略选择的良好匹配需要在恰当的组织结构中展开。在有机式组织结构中，严格的层级关系被打破，管理者和组织成员能够进行开放、有效的交流，管理者能够对自然环境的变化进行快速反应，便于利用自然环境中存在的机会，利于知识和信息的整合，有助于创新建议的提出和实现，关注企业未来的发展，帮助企业形成优于竞争对手的战略。对于环境战略的选择而言，在有机式组织结构中，权力较为分散，便于信息和资源的交流，能够通过合作、创新、信息共享等手段帮助企业做出最优选择，为促进聚焦的个体追求积极结果和个体的成长、发展以及培养需求提供了良好的促进环境，便于管理者获取并利用更多的资源实现对自然环境的保护，促进企业选择超越环境规制、行业标准的前瞻型环境战略，可见，有机式组织结构强化了促进聚焦与前瞻型环境战略的正向关系；而机械式组织结构中，权力高度集中，遵守传统惯例和严格的规则、程序，在静态的环境中，机械式组织结构的目的在于适应环境的要求[①]，而非利用自然环境提供的机会，不利于信息转化和分享，管理者对资源和能力的使用所受约束较多，无法及时识别、利用、实施前瞻型环境战略。

　　防御聚焦个体对消极结果更加敏感，关注个体的安全、保护需求，在企业面对有风险的机会时，管理者受规则、惯例的约束，难以快速集中企业优势资源和能力，容易导致失去机会。面对企业环境战略的选择，在机械式组织结构中，权力高度集中，标准化程度高，要求按照规则、规范、惯例进行生产和服务，能够为管理者个体追求安全、保护需求提供保障环境，满足了管理者追求稳定、警惕的策略，适合采取满足规制要求的反应型环境战略，可见，机械式组织结构强化了防御聚焦与反应型环境战略间的关系；而在有机式组织结构中，不仅是为满足安全、保护需求，管理者更可能追求成长、发展需求，

---

　　①　Daft, R. L., Lengel, R. H., "Organizational Information Requirements, Media Richness and Structural Design", *Management Science*, Vol. 32, No. 5, 1986, pp. 554–571.

愿意打破规则、惯例，实现突破性、创造性，抑制了防御聚焦与反应型环境战略间的关系。

　　可以看出，管理者的调节聚焦能够与企业的环境战略选择形成匹配，而组织结构从情景的角度调节了两者的关系，强化了管理者调节聚焦与企业环境战略选择所产生的调节匹配效应，增强了管理者环境战略选择的"正确感"和"价值感"。对于促进聚焦的个体而言，在有机式组织结构中，更能发挥自己追求成长、发展的需求，能够实现企业未来绿色发展、持续发展的战略方向，帮助企业选择超越环境要求的积极、自愿的环境战略，因此，笔者认为有机式组织结构能够为管理者促进聚焦与企业前瞻型环境战略选择提供良好的促进性环境；对于防御聚焦的管理者而言，将企业的安全、平稳放在第一位，在机械式组织结构中，能够满足管理者的安全、保护需求，管理者受规则、程序、惯例等制约，难以采用创新性、突破性的方式对自然环境问题进行解决，使企业免受风险的威胁，仅仅对面临的自然环境问题做出反应，反应型环境战略成为占优选择，因此，笔者认为机械式组织结构能够为管理者防御聚焦与企业反应型环境战略选择提供良好的促进性环境。综上所述，本书提出如下假设：

　　H9：组织结构调节管理者促进聚焦与企业前瞻型环境战略之间的关系：相对机械式组织结构而言，在有机式组织结构中，管理者促进聚焦与企业前瞻型环境战略之间的正向关系得到加强

　　H10：组织结构调节管理者防御聚焦与企业反应型环境战略之间的关系：相对机械式组织结构而言，在有机式组织结构中，管理者防御聚焦与企业反应型环境战略之间的正向关系受到削弱

第四节　本章小结

　　本章主要从研究的理论基础和研究假设展开阐述，通过对调节聚焦理论的梳理和总结发现，在战略管理的文献中，仅部分学者以此理论进

行了公司联盟①、并购②、领导的探索性和利用性活动③等方面的研究，运用调节聚焦理论对企业战略选择的研究仍较缺乏。调节聚焦作为管理者一种心理状态属性能够影响管理者行为，即选择怎样的环境战略类型；根据调节匹配理论，不同聚焦类型（促进聚焦、防御聚焦）能够与不同环境战略类型（前瞻型环境战略、反应型环境战略）形成良好的匹配。而管理者机会解释和威胁解释能够引起他们不同的心理状态，如管理者机会解释促使其更倾向于采取冒险性、积极的、创新的决策，更可能采取促进聚焦的问题解决方式，而管理者威胁的感知对于消极事件更加敏感，以保守策略应对威胁成为企业的最优选择，更可能采取防御聚焦的方式解决自然环境问题；管理者解释能够通过影响决策过程，进而影响决策结果，且管理者对于自然环境的解释方式（机会解释、威胁解释）能够对管理者应对自然环境问题采取的具体手段产生影响，进而能够帮助企业做出环境战略的选择。此外，组织结构作为企业内部的情景因素能够对调节聚焦与企业环境战略选择的关系起到边界作用。

为此，本书以调节聚焦理论为研究的理论基础，探讨了管理者解释（机会解释、威胁解释）与企业环境战略（前瞻型环境战略、反应型环境战略）选择间的关系，并引入管理者调节聚焦（促进聚焦、防御聚焦）作为管理者解释与环境战略选择关系的中介变量，帮助理解管理者解释与环境战略选择关系的作用机制，并提出了组织结构对管理者调节聚焦与企业环境战略选择的调节作用。根据管理者解释（机会解释、威胁解释）、管理者调节聚焦（促进聚焦、防御聚焦）和企业环境战略（前瞻型环境战略、反应型环境战略）关系，以及组织结构的调节作用，构建了研究的概念模型（如图3.1），并对研究假设进行了汇总，如表3.2。

---

① Das, T. K., Kumar, R., "Regulatory Focus and Opportunism in the Alliance Development Process", *Journal of Management*, Vol. 37, No. 3, 2011, pp. 682 –708.

② Gamache, D. L., Mcnamara, G., Mannora, M. J., Johnson, R. E. "Motivated to Acquire? The Impact of CEO Regulatory Focus on Firm Acquisitions", *Academy of Management Journal*, Vol. 58, No. 4, 2015, pp. 1261 –1282.

③ Tuncdogan, A., Bosch, F. V. D., Volberda, H., "Regulatory Focus as a Psychological Micro-foundation of Leaders' Exploration and Exploitation Activities", *Leadership Quarterly*, Vol. 26, No. 5, 2015, pp. 838 –850.

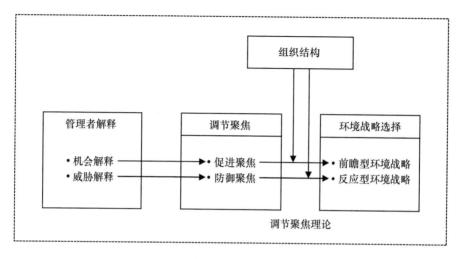

图 3.1 概念模型

资料来源：根据本研究整理所得。

表 3.2 研究假设汇总

	研究假设
假设 1	管理者对自然环境问题的机会解释对企业前瞻型环境战略存在显著正向影响
假设 2	管理者对自然环境问题的威胁解释对企业反应型环境战略存在显著正向影响
假设 3	管理者对自然环境问题的机会解释对管理者促进聚焦存在显著正向影响
假设 4	管理者对自然环境问题的威胁解释对管理者防御聚焦存在显著正向影响
假设 5	管理者促进聚焦对企业前瞻型环境战略存在显著正向影响
假设 6	管理者防御聚焦对企业反应型环境战略存在显著正向影响
假设 7	管理者促进聚焦在管理者对自然环境问题的机会解释与企业前瞻型环境战略关系中起中介作用
假设 8	管理者防御聚焦在管理者对自然环境问题的威胁解释与企业反应型环境战略关系中起中介作用
假设 9	组织结构调节管理者促进聚焦与企业前瞻型环境战略之间的关系：相对机械式组织结构而言，在有机式组织结构中，管理者促进聚焦与企业前瞻型环境战略之间的正向关系得到加强
假设 10	组织结构调节管理者防御聚焦与企业反应型环境战略之间的关系：相对机械式组织结构而言，在有机式组织结构中，管理者防御聚焦与企业反应型环境战略之间的正向关系受到削弱

第 四 章

研究设计与研究方法

第一节　研究设计

研究设计是整个研究过程的执行计划，其目的在于有效地回答问题、满足实证研究效度要求和控制研究中涉及的各种变异量①。研究设计一般需进行七个步骤的思考②（如图4.1），本书在研究过程中按照七个步骤展开，确定了文章的研究设计过程。

在研究设计过程中，问卷调查能够快速、有效、廉价地获取所需研究内容，且对被调查者干扰较少，易得到被调查者的支持。为此，在第三章研究框架和研究假设的基础上，本章利用问卷调查的方法，通过完善研究设计和变量操作性定义、测量等方式，形成最终问卷，实现调研目的。

根据研究的概念模型和研究假设，以及研究对象的实际情况，确定了问卷所包含的内容，主要由五部分组成。

一是说明信。说明本次调查的目的、研究内容、保密和反馈，以帮助被调查者能够放心、客观地填写，使调查者获得真实有效的调查问卷。

二是填写说明。由于本次调查需要被调查者对于企业的环境战略有清晰的认识，调查对象应为企业的高层管理者或企业的市场、环境事务方面的负责人。在此部分进行说明，以保证问卷填写者的适合性。

---

① 陈晓萍、徐淑英、樊景立：《组织与管理研究的实证方法》，北京大学出版社2008年版。

② Royer, I., Zarloeski, P., "Research design", In R. A. Thietart, *Doing Management Research: A Comprehensive Guide*, London：Sage Publications, 2001.

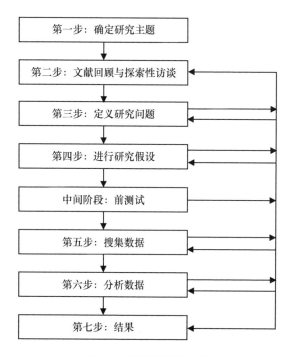

图4.1　研究设计的过程

三是基本情况说明。包括被调查者的基本情况和企业的基本信息。被调查者的基本情况主要包括职位、性别、受教育程度等；被调查者所在企业的基本信息，主要包括成立年限、主营业务所属行业、近三年平均营业收入等。

四是研究所需变量的测量题项说明。需要被调查者根据企业的实际情况，对自然环境问题的解释、保护自然环境的具体调节聚焦方式、企业环境战略选择情况及其组织结构进行判断和选择，对各变量的测量题项进行打分。

五是结束语。提醒问卷填写结束及对被调查者参与表示感谢。

第二节　变量的测量

本研究所需变量的测量量表主要有三种来源：一是国外文献中相对

成熟且被国内学者验证的量表；二是国外文献中相对成熟，经过访谈实际进行修改；三是依据相关文献和研究分析而得。由于管理者对于自然环境问题的解释、企业的环境战略选择及管理者调节聚焦很难通过客观的测量方式获得数据，为此，通过向企业发放问卷的方式收集所需数据。问卷设计采用李克特五点量表法，其中"1"表示完全不同意，"5"表示完全同意，"2""4"为中间情况，"3"表示不确定。

一 企业环境战略的测量

本书选取企业环境战略作为研究的被解释变量。根据自然资源基础观，应该将自然环境问题纳入企业战略计划过程[1]，形成企业的环境战略；且国内外学者对环境战略进行了相关研究，但由于研究问题、研究目的、研究对象等方面的差异，学者采取了不同的环境战略测量方式：Aragón-Correa 以西班牙商业周刊 1994 年公布的营业额排在前十的商业部门的 CEO 为研究对象，设计了 14 个题项的自然环境管理量表[2]；Sharma 和 Vredenburg 以加拿大石油和天然气行业为研究对象，通过邮寄调查的方式，设计了包括 11 个维度、95 个题项的研究量表[3]；Sharma 采取自我报告的方式，将环境战略的测量量表缩减为 8 个类别 54 个题项[4]；Buysse 和 Verbeke 以资源基础观为基础开发了 10 个题项测量量表，通过比利时化工、食品和纺织品等行业的 197 份有效问卷聚类分析，将环境战略分为反应型环境战略、污染防治战略和环境领导[5]；Sharma、Aragón-Correa

---

① Judge, W. Q., Douglas, T. J., "Performance Implications of Incorporating Natural Environmental Issues Into the Strategic Planning Process: An Empirical Assessment", *Journal of Management Studies*, Vol. 35, No. 2, 1998, pp. 241 – 262.

② Aragón-Correa, J. A., "Strategic Proactivity and Firm Approach to the Natural Environment", *Academy of Management Journal*, Vol. 41, No. 5, 1998, pp. 556 – 567.

③ Sharma, S., Vredenburg, H., "Proactive Corporate Environmental Strategy and the Development of Competitively Valuable Organizational Capabilities", *Strategic Management Journal*, Vol. 19, No. 8, 1998, pp. 729 – 753.

④ Sharma, S., "Managerial Interpretations and Organizational Context as Predictors of Corporate Choice of Environmental Strategy", *Academy of Management Journal*, Vol. 43, No. 4, 2000, pp. 681 – 697.

⑤ Buysse, K., Verbeke, A., "Proactive Environmental Strategies: A Stakeholder Management Perspective", *Strategic Management Journal*, Vol. 24, No. 5, 2003, pp. 453 – 470.

和 Rueda 基于以往文献和对北美与西欧的滑雪胜地的企业管理者的访谈，形成了 7 个维度 29 个题项的环境战略量表①；Menguc、Auh 和 Ozanne 从污染防治和高管支持两个一阶维度对前瞻型环境战略进行了测量，其中污染防治根据环境责任经济联盟原则形成 10 个题项进行测量，高管支持主要测量高层管理者在形成组织价值观和前瞻型环境战略导向过程中的关键作用，采用 5 个题项进行测量②；Darnall、Henriques 和 Sadorsky 识别了 9 种前瞻性环境实践以测量前瞻型环境战略：企业是否具有书面的环保政策、环境绩效的订立基准、使用环境会计、拥有公开环境报告、拥有环境绩效测量指标/目标、执行外部环境审计、执行内部环境审计、有环境培训项目和对员工的评估与报酬使用环境标准③。当企业采取多种环境管理实践时，采用加总的形式对企业前瞻型环境战略进行衡量④；Delgado-Ceballos 等将研究对象聚焦于西班牙高等教育行业，采用 10 个题项对企业的前瞻型环境战略进行了测量；Caracuel、Hurtado-Torres 和 Aragón-Correa 采用 Aragón-Correa 的 14 个题项对前瞻型环境战略进行衡量，并根据食品行业的特征增加了 4 个相关题项⑤；Liu 等通过企业是否通过 ISO 14001 认证，环境审计/会计，回收、减少资源或物料及使用可再生能源等实践，生态技术创新，环境信息披露，与供应商开展环境合作，生产及过程的环保，环境政策，环境培训等 9 种前瞻性环境实践衡量前

---

① Sharma, S., Aragón-Correa, J. A., Rueda, A., "The Contingent Influence of Organizational Capabilities on Environmental Strategy in North American and European Ski resorts", *Proceedings of the International Association for Business and Society*, Vol. 24, No. 4, 2007, pp. 268 – 283.

② Menguc, B., Auh, S., Ozanne, L., "The Interactive Effect of Internal and External Factors on a Proactive Environmental Strategy and Its Influence on a Firm's Performance", *Journal of Business Ethics*, Vol. 94, No. 2, 2010, pp. 279 – 298.

③ Darnall, N., Henriques, I., Sadorsky, P., "Adopting Proactive Environmental Strategy: The Influence of Stakeholders and Firm Size", *Journal of Management Studies*, Vol. 47, No. 6, 2010, pp. 1072 – 1094.

④ Khanna, M., Anton, W. R. Q., "Corporate Environmental Management: Regulatory and Market-based Incentives", *Land Economics*, Vol. 78, No. 4, 2002, pp. 539 – 558.

⑤ Aguilera-Caracuel, J., Aragón-Correa, J. A., Hurtado-Torres, N. E., Rugman, A. M., "The Effects of Institutional Distance and Headquarters' Financial Performance on the Generation of Environmental Standards in Multinational Companies", *Journal of Business Ethics*, Vol. 105, No. 4, 2012, pp. 461 – 474.

瞻型环境战略①。国内学者主要以国外有关环境战略的测量为基础，结合研究实际对环境战略进行测量，杨德锋和杨建华利用 Sharma 和 Vredenburg 问卷中的 8 个维度 20 个指标对环境战略进行了衡量②；薛求知和伊晟借鉴 Wagner 等的量表对环境战略进行了测量③；和苏超等借鉴 Murillo-Luna 等人采用的 14 个题项测量前瞻型环境战略④。

通过对以往环境战略测量的梳理发现，在对环境战略进行分类与测量时需要考虑研究的实际情况，既要结合我国企业环境战略的现状，亦需考虑到行业的差异。为此，综合研究实际情况和专家相关建议，本研究将环境战略分为反应型环境战略和前瞻型环境战略，采用来自 Brío、Fernández、Junquera 和 Vázquez⑤ 以及 Clements⑥ 的 11 个题项分别对反应型环境战略和前瞻型环境战略进行测量，其中反应型环境战略 4 个题项，前瞻型环境战略 7 个题项，具体测量题项如表 4.1 所示。

表4.1 环境战略测量

变量维度	测量题项	来源
反应型 环境战略	公司存在回收废弃物的数据流方式	Brío 等（2001）； Clements 等（2005）
	公司对管理者进行环境培训	
	公司对操作人员进行环境培训	
	公司产品生产过程中使用过滤器和其他排放控制方式	

---

① Yi, Liu. , Jingzhou, Guo. , Nan, Chi. , "The Antecedents and Performance Consequences of Proactive Environmental Strategy: A Meta-analytic Review of National Contingency", *Management and Organization Review*, Vol. 11, No. 3, 2015, pp. 1 –37.

② 杨德锋、杨建华：《环境战略、组织能力与竞争优势——通过积极的环境问题反应来塑造组织能力、创建竞争优势》，《财贸经济》2009 年第 9 期，第 120—125 页。

③ 薛求知、伊晟：《环境战略、经营战略与企业绩效——基于战略匹配视角的分析》，《经济与管理研究》2014 年第 10 期，第 99—108 页。

④ 和苏超、黄旭、陈青：《管理者环境认知能够提升企业绩效吗？——前瞻型环境战略的中介作用与商业环境不确定性的调节作用》，《南开管理评论》2016 年第 19 卷第 6 期，第 49—57 页。

⑤ Brío, J. Á. D. , Fernández, E. , Junquera, B. , Vázquez, C. J. , "Environmental Managers and Departments as Driving Forces of TQEM in Spanish Industrial Companies", *International Journal of Quality & Reliability Management*, Vol. 18, No. 5, 2001, pp. 495 –511.

⑥ Clements, B. , Douglas, T. J. , "Does Coercion Drive Firms to Adopt 'Voluntary' Green Initiatives? Relationships among Coercion, Superior Firm Resources, and Voluntary Green Initiatives", *Journal of Business Research*, Vol. 59, No. 4, 2005, pp. 483 –491.

续表

变量维度	测量题项	来源
前瞻型 环境战略	公司设置环境绩效目标作为年度业务计划的一部分	Brío 等（2001）； Clements 等（2005）
	公司管理评估中包括环境绩效测量情况	
	公司计划并准备发布环境报告	
	公司正在或已经形成认证的环境管理系统	
	公司会测量商业环境绩效的关键部分	
	公司会系统评估产品整个生命周期对自然环境的影响	
	公司在清洁生产技术方面进行了投资	

资料来源：Brío, J. Á. D., Fernández, E., Junquera, B., Vázquez, C. J., "Environmental Managers and Departments As Driving Forces of TQEM in Spanish Industrial Companies", *International Journal of Quality & Reliability Management*, Vol. 18, No. 5, 2001, pp. 495 – 511。

二　管理者解释的测量

本书选取管理者解释为解释变量。Dutton 和 Jackson 将战略问题中关于外部环境的解释标签为"威胁解释"和"机会解释"，可根据决策者是否以消极或积极方式评估问题、决策者是不是将其视为潜在的损失或获益、决策者是不是将其识别为不可控或可控，对战略问题的机会或威胁作出判断[1]。而后，众多学者对机会解释和威胁解释展开了研究，Thomas 和 McDaniel 在描述战略问题时验证了消极 – 积极、失去 – 得到、不可控 – 可控之间的相关性，发现消极 – 积极、失去 – 得到在操作上难以区分，且高度相关（r = 0.9），应该合并成一个维度，进而对威胁解释和机会解释做出判断[2]；Thomas 等在分析扫描、解释、行动的战略意义建构过程及与企业绩效的关系中，从积极 – 获得、可控方面分析了战略问题的

[1] Dutton, J. E., Jackson, S. E., "Categorizing Strategic Issues: Links to Organizational Action", *Academy of Management Review*, Vol. 12, No. 1, 1987, pp. 76 – 90.

[2] Thomas, J. B., McDaniel, R. R., "Interpreting Strategic Issues: Effects of Strategy and the Information-processing Structure of Sop Management Teams", *Academy of Management Journal*, Vol. 33, No. 2, 1990, pp. 286 – 306.

机会解释[1]；White、Varadarajan 和 Dacin 使用来自 Dutton、Thomas 等研究中管理者感知的控制（2 个题项）、感知的机会（3 个题项）或威胁（3 个题项），将管理解释分为感知控制、机会评价、威胁评价，并直接测量了感知的机会或威胁[2]；Sharma 和 Nguan 从积极－消极、获得－损失、可控－不可控角度出发，使用 5 个题项测量了生物多样性问题的管理者解释[3]；Sharma 使用 3 个题项量表分析了管理者对自然环境问题的机会和威胁解释[4]。国内学者奉小斌将管理对外部环境的解释分为机会解释和威胁解释，认为机会解释和威胁解释是连续统一体的两端，采用 Atuahene-Gima 和 Yang 的量表进行测量[5]。

然而，虽然学者们认为威胁和机会间存在相关性，但本书认为两者是独立的结构，是两个对立的极端而不是一个连续变量的两端[6][7]，因为在高不确定性情境下，管理者可能同时经历积极和消极的情感[8]，感知到的机会和威胁可能同时发生。为此，根据以往学者的研究，本书将管理者解释的机会解释和威胁解释视为两个独立的结构。主要参考 White、

---

[1] Thomas, J. B., Glark, S. M., Gioia, D. A., "Strategic Sensemaking and Organizational Performance: Linkages among Scanning, Interpretation, Action, and Outcomes", *Academy of Management Journal*, Vol. 36, No. 2, 1993, pp. 239－270.

[2] White, J. C., Varadarajan, P. R., Dacin, P. A., "Market Situation Interpretation and Response: The Role of Cognitive Style, Organizational Culture, and Information Use", *Journal of Marketing*, Vol. 67, No. 3, 2003, pp. 63－79.

[3] Sharma, S., Nguan, O., "The Biotechnology Industry and Strategies of Biodiversity Conservation: The Influence of Managerial Interpretations and Risk Propensity", *Business Strategy and the Environment*, Vol. 8, No. 1, 1999, pp. 46－61.

[4] Sharma, S., "Managerial Interpretations and Organizational Context as Predictors of Corporate Choice of Environmental Strategy", *Academy of Management Journal*, Vol. 43, No. 4, 2000, pp. 681－697.

[5] 奉小斌：《集群新创企业平行搜索对产品创新绩效的影响：管理者解释与竞争强度的联合调节效应》，《研究与发展管理》2016 年第 28 卷第 4 期，第 11—21 页。

[6] Chattopadhyay, P., Glick, W. H., Huber, G. P., "Organizational Actions in Response to Threats and Opportunities", *Academy of Management Journal*, Vol. 44, No. 5, 2001, pp. 937－955.

[7] Gilbert, C. G., "Unbundling the Structure of Inertia: Resource Versus Routine Rigidity", *Academy of Management Journal*, Vol. 48, No. 5, 2005, pp. 741－763.

[8] Folkman, S., Lazarus, R. S., "If it Changes it Must Be a Process: Study of Emotion and Coping During Three Stages of a College Examination", *Journal of Personality & Social Psychology*, Vol. 48, No. 1, 1985, pp. 150－170.

Varadarajan和Dacin，Liu等①所采用的问卷，其中机会解释包括 4 个题项，威胁解释包括 4 个题项，具体测量题项如表 4.2 所示。

表 4.2   管理者解释测量

变量维度	测量题项	来源
机会解释	我将公司面临的整体自然环境描述为公司的机会	White，Varadarajan and Dacin（2003）；Liu 等（2013）
机会解释	对本公司发展而言，我认为所面临的自然环境是积极的	White，Varadarajan and Dacin（2003）；Liu 等（2013）
机会解释	我感知到自然环境状况对公司美好未来的促进	White，Varadarajan and Dacin（2003）；Liu 等（2013）
机会解释	我认为公司面临的自然环境是可控的	White，Varadarajan and Dacin（2003）；Liu 等（2013）
威胁解释	我将公司面临的整体自然环境描述为公司的威胁	White，Varadarajan and Dacin（2003）；Liu 等（2013）
威胁解释	对本公司发展而言，我认为所面临的自然环境是消极的	White，Varadarajan and Dacin（2003）；Liu 等（2013）
威胁解释	我感知到自然环境对公司未来的不利影响	White，Varadarajan and Dacin（2003）；Liu 等（2013）
威胁解释	我认为公司面临的自然环境是不可控的	White，Varadarajan and Dacin（2003）；Liu 等（2013）

资料来源：White J. C.，Varadarajan P. R.，Dacin P. A.，"Market Situation Interpretation and Response：The Role of Cognitive Style，Organizational Culture，and Information Use"，*Journal of Marketing*，Vol. 67，No. 3，2003，pp. 63 – 79。

三 调节聚焦的测量

本书选取调节聚焦为管理者解释与环境战略选择关系的中介变量。个体在实现目标的过程中所表现出的自我调节的焦点或方式被称为调节聚焦，调节聚焦不仅可以作为个体长期的、稳定的个性特质存在，亦可以作为个体暂时的、变化的动机状态存在。因此，调节聚焦可分为特质性调节聚焦和情境性调节聚焦。根据个体的长期、稳定倾向，Higgins、Friedman 和 Harlow 开发了调节聚焦量表（Regulatory Focus Questionnaire，RFQ），以测量个体的特质性调节聚焦②；Lockwood、Jordan 和 Kunda 为研究榜样激发的动机作用，将目标追求上的成功和失败考虑在内，开发

① Jingjiang，Liu.，Lu，Chen.，Kittilaksanawong，W.，"External Knowledge Search Strategies in China's Technology Ventures：The Role of Managerial Interpretations and Ties"，*Management and Organization Review*，Vol. 9，No. 3，2013，pp. 437 –463.

② Higgins，E. T.，Friedman，R. S.，Harlow，R. E.，Idson，L. C.，Ayduk，O. N.，Taylor，A.，"Achievement Orientations from Subjective Histories of Success：Promotion Pride Versus Prevention Pride"，*European Journal of Social Psychology*，Vol. 31，No. 1，2001，pp. 3 – 23.

了一般调节聚焦量表（General Regulatory Focus Measures，GRFM）①；Neubert、Kacmar、Carlson 和 Chonko 分析了员工调节聚焦在领导与员工行为关系中的中介作用，开发了工作调节聚焦（Work Regulatory Focus，WRF）量表②。学者根据研究目的、情景的差异对调节聚焦的测量方式进行了选择，如 Shin 等采用工作调节聚焦量表分析了团队调节聚焦在团队文化和团队绩效中的作用③，Stam、Knippenberg 和 Wisse 采用一般调节聚焦量表分析了调节聚焦和可能的自我在愿景式领导中的作用④，Bhatnagar 和 McKaynesbitt 采用一般调节聚焦量表分析了个体调节聚焦（促进聚焦、防御聚焦）对环境责任反应行为的影响⑤等。国内学者姚琦等结合中国文化背景对 Higgins 等的调节聚焦问卷进行了修正，形成了 10 个题项的调节聚焦问卷⑥；李磊等在分析领导语言框架与下属创造力关系时，采用了 Mitchell 等编制的员工工作情景的调节聚焦问卷⑦；杜晓梦等在分析评论效价、新产品类型和调节聚焦与在线评论有用性的关系时，采用了 Lockwood 等的一般调节聚焦问卷⑧。此外，众多学者从实验操作的角度对调节聚焦进行了测量。

---

① Lockwood, P., Jordan, C. H., Kunda, Z., "Motivation by Positive or Negative Role Models: Regulatory Focus Determines Who Will Best Inspire Us", *Journal of Personality & Social Psychology*, Vol. 83, No. 4, 2002, pp. 854 – 864.

② Neubert, M. J., Kacmar, K. M., Carlson, D. S., Chonko, L. B., Roberts, J. A., "Regulatory Focus as a Mediator of the Influence of Initiating Structure and Servant Leadership on Employee Behavior", *Journal of Applied Psychology*, Vol. 93, No. 6, 2008, pp. 1220 – 1233.

③ Shin, Y., Kim, M., Choi, J. N., Lee, S-H., "Does Team Culture Matter? Roles of Team Culture and Collective Regulatory Focus in Team Task and Creative Performance", *Group & Organization Management*, Vol. 3, No. 5, 2015, pp. 1 – 34.

④ Stam, D., Knippenberg, D. V., Wisse, B., "Focusing on Followers: The Role of Regulatory Focus and Possible Selves in Visionary Leadership", *Leadership Quarterly*, Vol. 21, No. 3, 2010, pp. 457 – 468.

⑤ Bhatnagar, N., Mckaynesbitt, J., "Pro-environment Advertising Messages: The Role of Regulatory Focus", *International Journal of Advertising*, Vol. 35, No. 1, 2016, pp. 4 – 22.

⑥ 姚琦、乐国安、伍承聪、李燕飞、陈晨：《调节定向的测量维度及其问卷的信度和效度检验》，《应用心理学》2008 年第 14 卷第 4 期，第 318—323 页。

⑦ 李磊、尚玉钒、席酉民：《基于调节焦点理论的领导语言框架对下属创造力的影响研究》，《科研管理》2012 年第 33 卷第 1 期，第 127—137 页。

⑧ 杜晓梦、赵占波、崔晓：《评论效价、新产品类型与调节定向对在线评论有用性的影响》，《心理学报》2015 年第 4 期，第 555—568 页。

学者们不仅从个体层面对调节聚焦理论进行了广泛研究[1][2]，而且在团队层面、集体层面进行了有益的探索[3][4][5]，调节聚焦理论认为，通过促进聚焦和防御聚焦能够进行决策制定和目标追寻，战略管理研究者提出高层管理者的调节聚焦对于企业层面的结果变量的影响很值得研究[6]。为此，本书将管理者调节聚焦与企业环境战略选择相结合进行研究，由于所处的环境不同，对于调节聚焦的测量存在差异，且长期调节聚焦描述个体持久的、内在的调节聚焦，而工作调节聚焦描述个体在特定工作场景的调节聚焦。调节聚焦状态包含个体在特定时间点的调节聚焦[7]，本研究认为，管理者面对自然环境问题时所表现的自我调节为情境性调节聚焦，促进聚焦和防御聚焦是相互独立的[8][9]，为此，本书采用 Lockwood、Jordan 和 Kunda，汪明远和赵学锋等的问卷对调节聚焦进行测量，促进聚

① Neubert, M. J., Kacmar, K. M., Carlson, D. S., Chonko, L. B., Roberts, J. A., "Regulatory Focus as a Mediator of the Influence of Initiating Structure and Servant Leadership on Employee Behavior", *Journal of Applied Psychology*, Vol. 93, No. 6, 2008, pp. 1220 – 1233.

② Johnson, P. D., Shull, A., Wallace, J. C., "Regulatory Focus As a Mediator in Goal Orientation and Performance Relationships", *Journal of Organizational Behavior*, Vol. 32, No. 5, 2011, pp. 751 – 766.

③ Levine, J. M., Higgins, E. T., Choi, H. S., "Development of Strategic Norms in Groups", *Organizational Behavior and Human Decision Processes*, Vol. 82, No. 1, 2000, pp. 88 – 101.

④ Faddegon, K., Scheepers, D., Ellemers, N., "If We Have the Will, There Will be a Way: Regulatory Focus As a Group Identity", *European Journal of Social Psychology*, Vol. 38, No. 5, 2008, pp. 880 – 895.

⑤ Faddegon, K., Ellemers, N., Scheepers, D., "Eager to be the Best, or Vigilant Not to be the Worst: The Emergence of Regulatory Focus in Disjunctive and Conjunctive Group Tasks", *Group Processes & Intergroup Relations*, Vol. 12, No. 5, 2009, pp. 653 – 671.

⑥ Gamache, D. L., Mcnamara, G., Mannora, M. J., Johnson, R. E., "Motivated to Acquire? The Impact of CEO Regulatory Focus on Firm Acquisitions", *Academy of Management Journal*, Vol. 58, No. 4, 2015, pp. 1261 – 1282.

⑦ Tuncdogan, A., Bosch, F. V. D., Volberda, H., "Regulatory Focus as a Psychological Micro-foundation of Leaders' Exploration and Exploitation Activities", *Leadership Quarterly*, Vol. 26, No. 5, 2015, pp. 838 – 850.

⑧ Förster, J., Higgins, E. T., Bianco, A. T., "Speed/Accuracy Decisions in Task Performance: Built-in Trade-off or Separate Strategic Concerns?", *Organizational Behavior & Human Decision Processes*, Vol. 90, No. 1, 2003, pp. 148 – 164.

⑨ Wallace, J. C., Chen, G., "A Multilevel Integration of Personality, Climate, Self-regulation, and Performance", *Personnel Psychology*, Vol. 59, No. 3, 2006, pp. 529 – 557.

焦和防御聚焦各有 9 个题项进行测量，具体测量题项如表 4.3 所示。

表 4.3 调节聚焦测量

变量维度	测量题项	来源
防御聚焦	我会注意避免公司自然环境保护中的负面事件	Lockwood, Jordan and Kunda (2002); 汪明远和赵学锋等 (2015)
	我担心在公司自然环境保护中没能尽到责任和义务	
	我常常担心公司自然环境保护目标不能实现	
	在自然环境保护中，我常常考虑以后不要成为什么样的人	
	我常常想象公司自然环境保护中一些不好的事情	
	我常常在想公司自然环境保护怎么才能避免失败	
	与自然环境保护中收益相比，我更注意防止损失	
	我的主要目标是避免公司自然环境保护可能的失败	
	我努力成为"我应该成为的人"，如履行自然环境保护责任、义务等	
促进聚焦	我常想象自然环境保护中如何实现自己的愿望和志向	
	在自然环境保护中，我常常考虑以后很想成为什么样的人	
	我通常关注公司自然环境保护将来希望达到的成就	
	我常常在想公司自然环境保护怎样取得成功	
	我的主要目标是实现公司自然环境保护的抱负	
	我努力达到"理想的自我"，如实现公司自然环境保护愿望、志向等	
	总的来说，在自然环境保护中我关注取得正面的结果	
	我常常想象经历到一些自然环境保护方面好的事情	
	总的来说，比起避免失败，我更关注自然环境保护取得的成功	

资料来源：Lockwood, P., Jordan, C. H., Kunda, Z., "Motivation by Positive or Negative Role Models: Regulatory Focus Determines Who Will Best Inspire Us", *Journal of Personality & Social Psychology*, Vol. 83, No. 4, 2002, pp. 854 – 864。

四 组织结构的测量

本书选取组织结构作为管理者调节聚焦与环境战略选择关系的调节变量。组织结构是任务和活动持久配置的过程[1]，是组织成员间经常性

---

[1] Skivington, J. E., Daft, R. L., "A Study of Organizational Framework and Process Modalities for the Implementation of Business-level Strategic Decisions", *Journal of Management Studies*, Vol. 28, No. 1, 1991, pp. 45 – 68.

的关系①，组织结构的差异可能导致组织不同的行为方式和成员不同的思考、行事手段，以组织结构作为调节变量能够了解不同组织结构对于管理者调节聚焦与环境战略选择关系的影响。以往学者从不同维度对组织结构进行了衡量，如根据组织结构柔性程度，Burns 和 Stalker 将其划分为机械式组织结构和有机式组织结构两种②；Schminke、Ambrose 和 Cropanzano 分析了组织结构的集权化、正规化和规模三维度与感知程序公平、互动公平间的关系③；Fiedler 和 Welpe 将组织结构分为专业化和标准化，检验了组织结构对组织记忆的影响④；Menguc 和 Auh 将组织结构区分为正式组织结构和非正式组织结构，分析了组织结构、创新能力与新产品绩效间的关系⑤；Claver-Cortés、Pertusa-Ortega 和 Molina-Azorín 将组织结构分为复杂性、正规化和集权化，并分析了组织结构特征与混合竞争战略的关系⑥。

国内学者张钢和许庆瑞区分了 4 种不同类型的组织结构形式：纯等级制结构、职能制结构、分权制结构和权变制结构⑦；朱晓武、阎妍对组织结构维度相关研究进行了整理，总结了学者常用的 13 个维度，并对组织结构的研究方法进行了总结，归纳出复杂性、规范性、权力分配和协

①　Donaldson, L., "The Normal Science of Structural Contingency Theory", In S. R. Clegg, C. Hardy, & W. R. Nord (eds.), *Handbook of Organizational studies*: 57 – 76, Thousand Oaks, CA: Sage, 1996.

②　Burns, T., Stalker, G. M., *The Management of Innovation*, London: Tavistock, 1961.

③　Schminke, M., Ambrose, M. L., Cropanzano, R. S., "The Effect of Organizational Structure on Perceptions of Procedural Fairness", *Journal of Applied Psychology*, Vol. 85, No. 2, 2000, pp. 294 – 304.

④　Fiedler, M., Welpe, I., "How Do Organizations Remember? The Influence of Organizational Structure on Organizational Memory", *Organizational Studies*, Vol. 31, No. 4, 2010, pp. 381 – 407.

⑤　Menguc, B., Auh, S., "Development and Return on Execution of Product Innovation Capabilities: The Role of Organizational Structure", *Industrial Marketing Management*, Vol. 39, No. 5, 2010, pp. 820 – 831.

⑥　Claver-Cortés, E., Pertusa-Ortega, E. M., Molina-Azorín, J. F., "Characteristics of Organizational Structure Relating to Hybrid Competitive Strategy: Implications for Performance", *Journal of Business Research*, Vol. 65, No. 7, 2012, pp. 993 – 1002.

⑦　张钢、许庆瑞：《文化类型、组织结构与企业技术创新》，《科研管理》1996 年第 17 卷第 5 期，第 26—31 页。

调机制四个维度，构建了测量量表①；刘群慧、胡蓓和刘二丽将组织结构分为组织层级数、规范化、部门化基础、决策点位置、内部边界和外部边界等6个维度②；张敏将组织结构分为分权程度、正规化程度、整合程度和反馈速度等4个维度，研究了任务紧迫下组织结构与团队情绪的关系③；李云和李锡元区分了有机式组织结构和机械式组织结构④。

Ambrose 和 Schminke 认为，与考虑组织结构的不同方面（如集权化、正规化、规模等）相比，将组织结构分为机械式组织结构和有机式组织结构能够更加全面、整体地评估组织结构⑤，且机械式组织结构和有机式组织结构的划分在国内外研究中得到了较广泛的应用。为此，根据 Burns和 Stalker、Spell 和 Arnold、杨付和张丽华等学者的研究，本书认为，组织结构是一个从机械式到有机式的连续概念，是一个连续统一体的两端，并采用 Burns 和 Stalker、Spell 和 Arnold、杨付和张丽华等使用的7个测量题项进行衡量，条目得分越高代表更多的有机式组织结构，得分越低代表更多的机械式组织结构。具体测量题项如表4.4所示。

表4.4　　　　　　　　　　　　　组织结构测量

变量维度	测量题项	来源
有机式组织结构与机械式组织结构	畅通的沟通渠道，重要的金融与操作信息在公司十分自由地传递	Burns and Stalker (1961)；Spell and Arnold（2007）；杨付和张丽华（2012）
	管理者的操作方式可以任意从非常正式到非常不正式	
	在某一情况下更倾向专家决策，即使这意味着对直线管理人员的暂时忽略	

---

① 朱晓武、阎妍：《组织结构维度研究理论与方法评介》，《外国经济与管理》2008年第30卷第11期，第57—64页。

② 刘群慧、胡蓓、刘二丽：《组织结构、创新气氛与时基绩效关系的实证研究》，《研究与发展管理》2009年第21卷第5期，第47—56页。

③ 张敏：《任务紧迫情境下情绪感染、组织结构与团队情绪的关系研究》，《财贸研究》2014年第2期，第129—138页。

④ 李云、李锡元：《上下级"关系"影响中层管理者职业成长的作用机理——组织结构与组织人际氛围的调节作用》，《管理评论》2015年第27卷第6期，第120—127页。

⑤ Ambrose, M. L., Schminke, M., "Organization Structure as a Moderator of the Relationship between Procedural Justice, Interactional Justice, Perceived Organizational Support, and Supervisory Trust", *Journal of Applied Psychology*, Vol. 88, No. 2, 2003, pp. 295 – 305.

续表

变量维度	测量题项	来源
有机式组织结构与机械式组织结构	特别强调适应环境的变化而不过分考虑过去的做法	Burns and Stalker (1961)；Spell and Arnold (2007)；杨付和张丽华 (2012)
	特别强调把事情办成，即使这意味着无视正规程序	
	控制是宽松、非正式的，强烈依赖对合作的非正式关系和标准以求办成事情	
	倾向于根据环境和个人特性的需求来确定适当的工作行为	

资料来源：Burns, T., Stalker, G. M., *The Management of Innovation*, London：Tavistock, 1961。

五　控制变量的测量

(一) 管理者特征

高阶理论认为，管理者可观测的人口学特征能够对企业的战略选择行为产生影响，由于管理者心理因素难以直接观测，人口背景特征成为管理者认知模式的有效替代变量，在战略领域中得到了广泛应用，如陈传明和孙俊华验证了企业家人口背景特征与多元化战略的关系，发现企业家受教育程度、曾任职的企业数与多元化程度正相关，男性企业家所在企业多元化程度更高[1]；姜付秀等在分析管理者背景特征与企业投资行为中发现，董事长的受教育程度对企业过度投资存在显著影响[2]。为此，本研究选择管理者职位、管理者性别和管理者受教育程度作为管理者特征的表征，在研究中加以控制。

(二) 企业特征

成立年限。经营时间长的企业经常能够利用成熟的环境技术和资本设备[3]，能够影响企业前瞻型环境实践，且经营时间长的企业拥有更多的资源去实施前瞻型环境实践。

企业规模。不同规模的企业在资源和能力、关注度等方面存在差异，

---

① 陈传明、孙俊华：《企业家人口背景特征与多元化战略选择——基于中国上市公司面板数据的实证研究》，《管理世界》2008 年第 5 期，第 124—133 页。

② 姜付秀、伊志宏、苏飞、黄磊：《管理者背景特征与企业过度投资行为》，《管理世界》2009 年第 1 期，第 130—139 页。

③ Portney, P. R., Stavins, R. N., *Public Policies for Environmental Protection*, Washington, D. C.：Resources for the Future, 1990.

规模较大的企业拥有更多的资源和能力，受到更多的关注，更易于在环境保护方面进行投入，采取前瞻型环境战略[1]；小企业面临的关注度较低，环保压力较小，且资源和能力有限，更可能选择遵循环境规制，实施反应型环境战略[2]。

产权性质。不同性质的企业拥有的资源和能力存在差异，在生产经营过程中对环境产生不同的影响，所受到的环境规制程度和环境保护重视程度存在差异，企业可能采取的环境战略亦会不同。

为此，本研究将对管理者职位、管理者性别、管理者受教育程度、企业成立年限、企业规模以及产权性质进行控制。成立年限为公司成立之日至 2016 年所经历的年数；企业规模采取近三年平均营业收入的自然对数进行测量；产权性质设置为虚拟变量，国有及国有控股企业赋值为 1，非国有及国有控股企业（民营企业、中外合资企业、外商独资企业）赋值为 0。

第三节　问卷小样本测试

为进一步检验问卷的有效性和适用性，在正式问卷调研前需进行问卷的小样本测试。小样本前测于 2016 年 6 月在四川、甘肃两省进行，被测试人员主要为企业中高层管理者或企业市场、环境事务方面的负责人。此次问卷共发放 150 份，收回 110 份，其中有效问卷 96 份。

一　小样本基本情况介绍

表 4.5 为小样本描述性统计结果，从中可以看出，CEO/总经理、企业法人、董事长共 34 人，占调查对象的 35.5%，环境、健康和安全事务负责人共 8 人，占调查对象的 8.3%；调查对象中男性占大多数，共 60 人，占调查对象的 62.5%；调查对象的受教育程度方面，高学历成为企业管理者的追求目标之一，硕士及以上 62 人，占调查对象的 64.6%；成立年限方

① Aragón-Correa, J. A., "Strategic Proactivity and Firm Approach to the Natural Environment", *Academy of Management Journal*, Vol. 41, No. 5, 1998, pp. 556-567.

② Rutherfoord, R., Blackburn, R. A., Spence, L. J., "Environmental Management and the Small Firm: An International Comparison", *International Journal of Entrepreneurial Behaviour and Research*, Vol. 6, No. 6, 2000, pp. 310-325.

面，9 年以下的企业占绝大多数，共 63 家，占调查对象的 65.6%；产权性质方面，调查对象以非国有企业为主，其中民营企业 60 家，占调查对象的 62.5%；近三年平均营业收入以 1 亿元人民币以下为主，且为重污染行业企业中造纸、印刷企业共 31 家，约占样本总数的 32.3%。

表 4.5　　　　　　　小样本描述性统计结果（N = 96）

项目	类别	样本数	百分比（%）
管理者职位	CEO/总经理	23	24.0
	企业法人	7	7.3
	董事长	4	4.2
	研发部经理	11	11.5
	市场部经理	15	15.6
	生产部经理	27	28.1
	环境、健康和安全事务负责人	8	8.3
	其他	1	1.0
管理者性别	男	60	62.5
	女	36	37.5
管理者受教育程度	本科及以下	34	35.4
	硕士（包括在读）	17	17.7
	MBA/EMBA（包括在读）	32	33.3
	博士及以上（包括在读）	13	13.5
企业成立年限	3 年以下	26	27.1
	4—8 年	37	38.5
	9—13 年	17	17.7
	13 年以上	16	16.7
产权性质	国有及国有控股企业	6	6.3
	民营企业	60	62.5
	中外合资企业	23	24.0
	外商独资企业	7	7.3
近三年,平均营业收入（人民币）	300 万元以下	9	9.4
	300 万—500 万元	22	22.9
	500 万—1000 万元	34	35.4
	1000 万—1 亿元	25	26.0

续表

项目	类别	样本数	百分比（%）
近三年，平均营业收入（人民币）	1亿—5亿元	4	4.2
	5亿—10亿元	2	2.1
	10亿元以上	0	0
所属行业	采掘业	1	1.0
	食品、饮料	2	2.1
	纺织、制革、皮毛	17	17.7
	造纸、印刷	31	32.3
	石油、化工、塑胶、塑料	6	6.3
	金属、非金属	8	8.3
	机械、设备、仪表	18	18.8
	医药、生物制品	6	6.3
	电力、蒸汽及水的生产和供应业	6	6.3
	其他	1	1.0

资料来源：根据本研究调查数据整理所得。

二 信度分析

信度（Reliability）主要针对测量工具所得结果的稳定性与一致性进行评价，被定义为一个测量工具免于随机误差影响的程度[1]，包括复本信度、重测信度、内部一致性信度、折半信度等。李克特计分量表中，主要采用内部一致性信度对量表的一致性进行检验，即采用 Cronbach's α 系数表征，Cronbach's α 系数越大，代表测量量表的内部一致性越好，一般认为当 Cronbach's α 系数大于 0.6 为可接受值，0.7 以上说明该题项具备较高信度。为此，本研究利用 SPSS 20.0 统计软件，采用 Cronbach's α 系数法对量表信度进行检验。

（一）管理者解释信度分析

运用 SPSS 20.0 统计分析软件对管理者解释进行信度分析，由表 4.6 和表 4.7 可知，管理者机会解释维度的 Cronbach's α 系数为 0.697，且删除任意一个题项后，Cronbach's α 的系数均低于原有的 Cronbach's α 的系

---

[1] 罗胜强、姜嬿：《管理学问卷调查研究方法》，重庆大学出版社 2014 年版。

数值。因此，本研究所选取四个题项间具有较高的内部一致性；管理者威胁解释维度的 Cronbach's α 系数为 0.880，且删除任意一个题项后，Cronbach's α 的系数均低于原有的 Cronbach's α 的系数值。因此，本研究所选取四个题项测量威胁解释具有较高的内部一致性。

表4.6　　　　　　　管理者机会解释的信度检验（N＝96）

题项	删除该题项后的 Cronbach's α 值	Cronbach's α 值
我将公司面临的整体自然环境描述为公司的机会	0.590	
对本公司发展而言，我认为所面临的自然环境是积极的	0.624	
我感知到自然环境状况对公司美好未来的促进	0.629	0.697
我认为公司面临的自然环境是可控的	0.684	

表4.7　　　　　　　管理者威胁解释的信度检验（N＝96）

题项	删除该题项后的 Cronbach's α 值	Cronbach's α 值
我将公司面临的整体自然环境描述为公司的威胁	0.864	
对本公司发展而言，我认为所面临的自然环境是消极的	0.830	
我感知到自然环境对公司未来的不利影响	0.856	0.880
我认为公司面临的自然环境是不可控的	0.835	

（二）调节聚焦信度分析

运用 SPSS 20.0 统计分析软件对管理者调节聚焦进行信度分析，由表4.8和表4.9可知，管理者促进聚焦维度的 Cronbach's α 系数为 0.900，且删除任意一个题项后，Cronbach's α 的系数均低于原有的 Cronbach's α 的系数值。因此，本研究所选取九个题项间具有较高的内部一致性；管理者防御聚焦维度的 Cronbach's α 系数为 0.868，且删除任意一个题项后，Cronbach's α 的系数均低于原有的 Cronbach's α 的系数值。因此，本研究所选取九个题项测量威胁解释具有较高的内部一致性。

表4.8   **管理者促进聚焦的信度检验（N=96）**

题项	删除该题项后的 Cronbach's α 值	Cronbach's α 值
我常想象自然环境保护中如何实现自己的愿望和志向	0.886	
在自然环境保护中，我常常考虑以后想成为什么样的人	0.881	
我通常关注公司自然环境保护将来希望达到的成就	0.894	
我常常在想公司自然环境保护怎样取得成功	0.884	
我的主要目标是实现公司自然环境保护的抱负	0.893	
我努力达到"理想的自我"，如实现公司自然环境保护愿望、志向等	0.884	0.900
总的来说，在自然环境保护中我关注取得正面的结果	0.894	
我常常想象经历到一些自然环境保护方面好的事情	0.893	
总的来说，比起避免失败，我更关注自然环境保护取得的成功	0.887	

表4.9   **管理者防御聚焦的信度检验（N=96）**

题项	删除该题项后的 Cronbach's α 值	Cronbach's α 值
我会注意避免公司自然环境保护中的负面事件	0.857	
我担心在公司自然环境保护中没能尽到责任和义务	0.859	
我常常担心公司自然环境保护目标不能实现	0.858	
在自然环境保护中，我常常考虑以后不要成为什么样的人	0.861	
我常常想象公司自然环境保护中一些不好的事情	0.843	0.868
我常常在想公司自然环境保护怎么才能避免失败	0.857	
与自然环境保护中收益相比，我更注意防止损失	0.847	
我的主要目标是避免公司自然环境保护可能的失败	0.850	
我努力成为"我应该成为的人"，如履行自然环境保护责任、义务等	0.849	

（三）环境战略信度分析

运用SPSS 20.0统计分析软件对企业环境战略进行信度分析，由

表 4.10 和表 4.11 可知，前瞻型环境战略维度的 Cronbach's α 系数为 0.932，且删除任意一个题项后，Cronbach's α 的系数均低于原有 Cronbach's α 的系数值。因此，本研究所选取七个题项间具有较高的内部一致性。反应型环境战略维度的 Cronbach's α 系数为 0.752，且删除任意一个题项后，Cronbach's α 的系数均低于原有的 Cronbach's α 的系数值。因此，本研究所选取四个题项间具有较高的内部一致性。

表 4.10　　　　　　　　前瞻型环境战略的信度检验（N = 96）

题项	删除该题项后的 Cronbach's α 值	Cronbach's α 值
公司设置环境绩效目标作为年度业务计划的一部分	0.923	
公司管理评估中包括环境绩效测量情况	0.918	
公司计划并准备发布环境报告	0.922	
公司正在或已经形成认证的环境管理系统	0.923	0.932
公司会测量商业环境绩效的关键部分	0.922	
公司会系统评估产品整个生命周期对自然环境的影响	0.923	
公司在清洁生产技术方面进行了投资	0.923	

表 4.11　　　　　　　　反应型环境战略的信度检验（N = 96）

题项	删除该题项后的 Cronbach's α 值	Cronbach's α 值
公司存在回收废弃物的数据流方式	0.710	
公司对管理者进行环境培训	0.659	
公司对操作人员进行环境培训	0.740	0.752
公司产品生产过程中使用过滤器和其他排放控制方式	0.664	

（四）组织结构信度分析

运用 SPSS 20.0 统计分析软件对企业组织结构维度进行信度分析，由表 4.12 可知，组织结构维度的 Cronbach's α 的系数为 0.862，且删除任意一个题项后，Cronbach's α 的系数均低于原有的 Cronbach's α 系数值。因此，本研究所选取七个题项间具有较高的内部一致性。

表 4.12　　　　　　　　　组织结构的信度检验（N = 96）

题项	删除该题项后的 Cronbach's α 值	Cronbach's α 值
畅通的沟通渠道，重要的金融与操作信息在公司十分自由地传递	0.844	0.862
管理者的操作方式可以任意从非常正式到非常不正式	0.850	
在某一情况下更倾向专家决策，即使这意味着对直线管理人员的暂时忽略	0.845	
特别强调适应环境的变化而不过分考虑过去的做法	0.839	
特别强调把事情办成，即使这意味着无视正规程序	0.849	
控制是宽松、非正式的，强烈依赖对合作的非正式关系和标准以求办成事情	0.831	
倾向于根据环境和个人特性的需求来确定适当的工作行为	0.840	

三　效度分析

效度（Validity）是指能够测量到的该测验所欲测心理或行为特质到何种程度以及测量结果的正确性或可靠性，效度分析主要分为内容效度（Content Validity）和构念效度（Construct Validity）。内容效度指测验或量表内容或题目的适切性与代表性[1]，主要包括所测量的内容是否充分并准确地覆盖了想要测量的目标构念以及测量指标是否有代表性，它们的分配是否反映了所研究的构念中各个成分的重要性比例，问卷的形式和措辞对于回答者来说是否妥当，是否符合他们的文化背景和用语习惯等内容[2]。为此，本书在研究之初通过对大量文献的回顾和整理，构建了完整、科学的研究模型，根据研究文献、我国企业环境、管理实际情况以及访谈情况，又通过专家的建议确定了问卷的测量题项，在一定程度上确保了问卷的内容效度。

---

[1]　吴明隆：《问卷统计分析实务——SPSS 操作与应用》，重庆大学出版社 2012 年版。
[2]　罗胜强、姜嬿：《管理学问卷调查研究方法》，重庆大学出版社 2014 年版。

　　构念效度是指能够测量到理论建构心理特质或概念的程度①，主要采用因子分析对构念效度进行判别，因子分析主要包括探索性因子分析（Exploratory Factor Analysis，EFA）和验证性因子分析（Confirmatory Factor Analysis，CFA）两种。在量表开发过程中或对于构念的结构不清楚时，探索性因子分析可以帮助了解条目间关系；当预期构念与探索性因子分析所得因子结构一致时，可将其作为构念效度的依据，但由于探索性因子分析的严格性，没有进入预期构念的条目不能盲目删除，尤其对于成熟量表②。本研究采用探索性因子分析对变量的构念效度进行检验，并在检验前采用 Kaiser-Meyer-Olkin（KMO）充分性检验和巴特利特（Bartlett's）球形检验对因子分析的适用性进行了分析③，一般而言，当 KMO 值高于 0.7，巴特利特球形检验统计值在统计意义上显著（显著性概率小于等于 0.05）时，可进行因子分析。

　　（一）管理者解释的探索性因子分析

　　本书首先对管理者解释进行探索性因子分析。由表 4.13 可知，管理者解释的 KMO 为 0.741，巴特利特球形检验统计值显著，符合因子分析条件。而后，采用主成分分析法和最大方差正交旋转提取因子，根据特征根大于 1，因子载荷大于 0.5 的标准进行判断，如表 4.14 可知，管理者解释共提取两个因子，命名为管理者机会解释和管理者威胁解释，共解释了 63.625% 的变异量。

表 4.13　　　　　管理者解释的 KMO 和 Bartlett 检验（N=96）

取样足够度的 Kaiser-Meyer-Olkin 度量		0.741
Bartlett's 球形检验	近似卡方值	281.198
	自由度 df	28
	显著性 sig.	0.000

① 吴明隆：《问卷统计分析实务——SPSS 操作与应用》，重庆大学出版社 2012 年版。
② 罗胜强、姜嬿：《管理学问卷调查研究方法》，重庆大学出版社 2014 年版。
③ 马庆国：《管理统计：数据获取、统计原理、SPSS 工具与应用研究》，科学出版社 2002 年版。

表 4.14　　　　　　　**管理者解释探索性因子分析（N = 96）**

题项	因子载荷 1	因子载荷 2
我将公司面临的整体自然环境描述为公司的机会	0.787	− 0.035
对本公司发展而言，我认为所面临的自然环境是积极的	0.749	− 0.027
我感知到自然环境状况对公司美好未来的促进	0.726	0.126
我认为公司面临的自然环境是可控的	0.638	− 0.099
我将公司面临的整体自然环境描述为公司的威胁	0.025	0.885
对本公司发展而言，我认为所面临的自然环境是消极的	0.046	0.880
我感知到自然环境对公司未来的不利影响	0.012	0.839
我认为公司面临的自然环境是不可控的	− 0.059	0.825
方差解释率（%）	63.625	

（二）环境战略选择的探索性因子分析

表 4.15 为环境战略选择的探索性因子分析，由表 4.15 可知，环境战略选择的 KMO 为 0.879，巴特利特球形检验统计值显著，符合因子分析条件。而后，采用主成分分析法和最大方差正交旋转提取因子，根据特征值大于 1，因子载荷大于 0.5 的标准进行判断，如表 4.16 可知，环境战略选择共提取两个因子，命名为前瞻型环境战略和反应型环境战略，共解释了 66.649% 的变异量。

表 4.15　　　　**环境战略选择的 KMO 和 Bartlett 检验（N = 96）**

取样足够度的 Kaiser-Meyer-Olkin 度量	0.879	
Bartlett's 的球形检验	近似卡方	576.919
	自由度 df	55
	显著性 sig.	0.000

表 4.16　　　　　　　**环境战略选择探索性因子分析**

题项	因子载荷 1	因子载荷 2
公司设置环境绩效目标作为年度业务计划的一部分	0.840	0.031
公司管理评估中包括环境绩效测量情况	0.875	− 0.042
公司计划并准备发布环境报告	0.848	0.071

题项	因子载荷 1	因子载荷 2
公司正在或已经形成认证的环境管理系统	0.830	-0.076
公司会测量商业环境绩效的关键部分	0.848	-0.031
公司会系统评估产品整个生命周期对自然环境的影响	0.835	-0.011
公司在清洁生产技术方面进行了投资	0.830	-0.072
公司存在回收废弃物的数据流方式	-0.018	0.729
公司对管理者进行环境培训	-0.021	0.811
公司对操作人员进行环境培训	0.080	0.682
公司产品生产过程中使用过滤器和其他排放控制方式	-0.129	0.805
方差解释率（%）	66.649	

（三）管理者调节聚焦的探索性因子分析

表 4.17 为管理者调节聚焦的探索性因子分析，由表 4.17 可知，管理者调节聚焦的 KMO 为 0.830，巴特利特球形检验统计值显著，符合因子分析条件。而后，采用主成分分析法和最大方差正交旋转提取因子，根据特征值大于 1，因子载荷大于 0.5 的标准进行判断，如表 4.18 可知，管理者调节聚焦共提取两个因子，命名为管理者促进聚焦和管理者防御聚焦，共解释了 53.056% 的变异量。

表 4.17　　　管理者调节聚焦的 KMO 和 Bartlett 检验（N=96）

取样足够度的 Kaiser-Meyer-Olkin 度量	0.830	
Bartlett's 的球形检验	近似卡方	851.051
	自由度 df	153
	显著性 sig.	0.000

表 4.18　　　管理者调节聚焦探索性因子分析（N=96）

题项	因子载荷 1	因子载荷 2
我会注意避免公司自然环境保护中的负面事件	0.775	-0.001
我担心在公司自然环境保护中没能尽到责任和义务	0.812	-0.168
我常常担心公司自然环境保护目标不能实现	0.645	-0.182

题项	因子载荷1	因子载荷2
在自然环境保护中，我常常考虑以后不要成为什么样的人	0.779	-0.154
我常常想象公司自然环境保护中一些不好的事情	0.669	-0.176
我常常在想公司自然环境保护怎么才能避免失败	0.792	-0.095
与自然环境保护中收益相比，我更注意防止损失	0.671	-0.121
我的主要目标是避免公司自然环境保护可能的失败	0.711	0.015
我努力成为"我应该成为的人"，如履行自然环境保护责任、义务等	0.761	-0.114
我常想象自然环境保护中如何实现自己的愿望和志向	0.108	0.690
在自然环境保护中，我常常考虑以后很想成为什么样的人	-0.122	0.637
我通常关注公司自然环境保护将来希望达到的成就	-0.119	0.646
我常常在想公司自然环境保护怎样取得成功	-0.226	0.614
我的主要目标是实现公司自然环境保护的抱负	-0.125	0.784
我努力达到"理想的自我"，如实现公司自然环境保护愿望、志向等	-0.173	0.637
总的来说，在自然环境保护中我关注取得正面的结果	-0.124	0.745
我常常想象经历到一些自然环境保护方面好的事情	-0.108	0.723
总的来说，比起避免失败，我更关注自然环境保护取得的成功	-0.054	0.749
方差解释率（%）	53.056	

（四）组织结构的探索性因子分析

表4.19为组织结构的探索性因子分析，由表4.19可知，组织结构的KMO为0.882，巴特利特球形检验统计值显著，符合因子分析条件。而后，采用主成分分析法和最大方差正交旋转提取因子，根据特征值大于1，因子载荷大于0.5的标准进行判断，如表4.20可知，组织结构共提取一个因子，解释了54.841%的变异量。

表 4.19　　　　　　**组织结构的 KMO 和 Bartlett 检验（N = 96）**

取样足够度的 Kaiser-Meyer-Olkin 度量		0.882
Bartlett's 的球形检验	近似卡方	250.914
	自由度 df	21
	显著性 sig.	0.000

表 4.20　　　　　　**组织结构探索性因子分析（N = 96）**

题项	因子载荷 1
畅通的沟通渠道，重要的金融与操作信息在公司十分自由地传递	0.731
管理者的操作方式可以任意从非常正式到非常不正式	0.689
在某一情况下更倾向专家决策，即使这意味着对直线管理人员的暂时忽略	0.724
特别强调适应环境的变化而不过分考虑过去的做法	0.764
特别强调把事情办成，即使这意味着无视正规程序	0.707
控制是宽松、非正式的，强烈依赖对合作的非正式关系和标准以求办成事情	0.807
倾向于根据环境和个人特性的需求来确定适当的工作行为	0.756
方差解释率（%）	54.841

第四节　本章小结

根据第三章的概念模型和研究假设，本章从研究设计和研究方法的角度进行了进一步的探索。具体而言，首先，介绍了研究设计的步骤和问卷的构成；其次，根据对以往文献的梳理和总结，结合研究实践情况和专家建议，选择了适合管理者解释、企业环境战略选择、管理者调节聚焦和组织结构的初始测量量表，并根据访谈实际对量表进行了反复论证、斟酌和修改，形成了较为符合研究实际的可靠问卷；最后，通过收集的小样本数据对问卷进行了小样本预测试，主要进行了信度和效度检验、探索性因子分析等，分析结论显示问卷具备良好的信度和效度，确保了问卷的可靠性，并形成了研究的最终问卷，便于进行大规模发放调研。

第 五 章

实证研究

第一节 样本正式调研概况

一 样本选择

本研究的调研对象主要为中国对自然环境影响较大的行业企业的中高层管理者（CEO、总经理、环境部门经理等中层管理者），对自然环境影响大的行业企业，更可能受到政府、公众、媒体等利益相关者压力而采取环保措施，实施前瞻型环境战略。为此，按照环保部 2010 年公布的《上市公司环境信息披露指南》以及肖淑芳和胡伟[1]的研究确定重污染行业，主要包括：造纸、印刷、石油、化学、塑胶、塑料、金属、非金属、医药、生物制品、纺织、制革、毛皮、采掘、电力、蒸汽及水的生产和供应业、食品、饮料等。

以往战略学者主要从高管个体水平、高管团队（TMT）水平、组织水平、行业水平等方面展开对认知的研究[2]。个体水平层面主要从企业高层管理者，尤其是 CEO 的认知结构、认知过程对企业战略选择的影响方面展开研究。Staw 认为，在初创企业或 CEO 拥有决定性、集中的权力时，TMT 水平和组织水平的认知可能包含于 CEO 认知中[3]。管理者

---

① 肖淑芳、胡伟：《我国企业环境信息披露体系的建设》，《会计研究》2005 年第 3 期，第 47—52 页。

② Narayanan, V. K., Zane, L. J., Kemmerer, B., "The Cognitive Perspective in Strategy: An Integrative Review", *Journal of Management*, Vol. 37, No. 1, 2011, pp. 305–351.

③ Staw, B. M., "Dressing up Like an Organization: When Psychological Theories Can Explain Organizational Action", *Journal of Management*, Vol. 17, No. 4, 1991, pp. 805–819.

解释是管理者认知的一方面，与管理者认知有着类似特性，由于本研究中民营企业所占比重较大，且民营企业高层管理者多为企业创始人或家族接班人，权力集中度较高，拥有绝对控制权；因此，本书中研究对象界定为每个企业的高层管理者或环境事务负责人，同时，确保选择的中高层管理者在企业环境战略的制定、选择和实施过程中发挥重要的决策作用。

二 问卷的发放和回收

本书采取调查问卷的方式展开研究，为保证问卷数据收集工作的有效开展和数据的有效性和真实性，采取线下纸质问卷和线上电子问卷相结合的方式进行问卷发放、回收。（1）笔者于 2015 年 7 月对四川省医药、化工、机械等行业的 4 家公司的中高层管理者（其中 2 家国有企业总经理、1 家上市公司的环境事务负责人、1 家民营企业总经理）进行半结构化访谈，确定了研究问题的可行性和问卷的设计、完善，而后根据与企业建立的良好关系采取"滚雪球"的方式，向调研对象发放和回收问卷。（2）通过导师、同学、朋友等关系网络进行问卷发放、回收工作。确保导师、同学、朋友等所处的企业为研究所需的重污染行业，且被调查者为企业高层管理者或环境事务相关负责人。（3）借助第三方样本服务机构进行问卷的发放、回收。委托第三方的问卷星进行问卷的发放和收集工作，只有当公司的经营对自然环境存在较大影响，同时管理者能够就公司的市场和环境问题进行作答时，问卷才有效。此外，为保证问卷的质量，笔者设置了被调查企业名称和邮箱，在数据收集工作完成后首先访问了被调查对象在四川的企业，然后随机抽查了四川省以外的调查对象，保证了通过问卷星调查获得数据的可信度。

2016 年 6 月—10 月，在四川省、甘肃省、河北省等地对问卷进行了发放、回收工作，共发放问卷 500 份，其中纸质问卷 250 份，电子邮件 250 份。共收回 417 份，有效问卷 309 份，有效率约为 61.8%，问卷具体的发放和回收情况如表 5.1 所示。

表 5.1 　　　　　　　　　　问卷发放与回收情况

途径	发放量（份）	回收量（份）	回收率（%）	有效问卷量（份）	有效率（%）
实地发放	150	129	86	105	70
委托熟人发放	100	88	88	70	70
问卷星发放	250	200	80	134	53.6
合计	500	417	83.4	309	61.8

　　本研究主要通过线上电子问卷和线下纸质问卷完成问卷的发放和回收工作，为检验这两种渠道所收集的问卷差异性，本研究运用 SPSS 20.0 统计软件的独立样本 t 检验进行了分析，具体如表 5.2 所示。从表中可以看出，两种数据收集方式所得到的各变量维度不存在显著差异，说明采用线上和线下的问卷收集方式较为合理，便于开展进一步的研究。

表 5.2 　　　　　　　不同收集方式的独立样本 t 检验

类别		方差方程的 Levene 检验		均值方程的 t 检验						
		F	Sig.	t	df	Sig.（双侧）	均值差值	标准误差值	差分的95%置信区间 下限	上限
管理者机会解释	假设方差相等	0.409	0.523	-0.131	307	0.896	-0.01131	0.08635	-0.18123	0.15861
	假设方差不相等			-0.132	305.297	0.895	-0.01131	0.08574	-0.18003	0.15740
管理者威胁解释	假设方差相等	2.387	0.123	1.267	307	0.206	0.14100	0.11133	-0.07807	0.36007
	假设方差不相等			1.258	289.076	0.210	0.14100	0.11212	-0.07967	0.36168
管理者促进聚焦	假设方差相等	0.038	0.846	0.118	307	0.907	0.01298	0.11048	-0.20441	0.23038
	假设方差不相等			0.117	298.086	0.907	0.01298	0.11057	-0.20462	0.23058
管理者防御聚焦	假设方差相等	0.893	0.345	1.251	307	0.212	0.08623	0.06894	-0.04943	0.22188
	假设方差不相等			1.245	293.509	0.214	0.08623	0.06923	-0.05003	0.22248
组织结构	假设方差相等	1.062	0.304	-0.095	307	0.924	-0.00868	0.09103	-0.18780	0.17044
	假设方差不相等			-0.095	291.619	0.925	-0.00868	0.09153	-0.18882	0.17146
前瞻型环境战略	假设方差相等	0.781	0.377	-0.597	307	0.551	-0.04924	0.08247	-0.21153	0.11304
	假设方差不相等			-0.600	303.808	0.549	-0.04924	0.08207	-0.21074	0.11226

续表

类别		方差方程的 Levene 检验		均值方程的 t 检验						
		F	Sig.	t	df	Sig.（双侧）	均值差值	标准误差值	差分的 95% 置信区间	
									下限	上限
反应型环境战略	假设方差相等	1.015	0.314	-0.229	307	0.819	-0.01570	0.06848	-0.15045	0.11906
	假设方差不相等			-0.230	303.362	0.818	-0.01570	0.06819	-0.14988	0.11848

三　描述性统计分析

表 5.3 为调查样本的基本情况，从中可以看出，在调查对象的职位中，CEO/总经理、企业法人、董事长共 136 人，占调查对象总数的 44%，环境、健康和安全事务负责人为 33 人，占调查对象总数的 10.7%，部门经理共 139 人，占调查对象总数的 45%；被调查者中以男性为主，共 172 人，占调查对象总数的 55.7%；调查对象的受教育程度方面，本科及以下为 210 人，占调查对象总数的 68%；截至 2016 年，成立年限在 13 年以下的企业约为 242 家，占调查对象总数的 78.3%；产权性质方面，调查对象以民营企业为主，共 134 家，占调查对象总数的 43.4%；近三年，企业的平均营业收入在 500 万元至 1000 万元的企业数量最多，为 83 家，占调查对象总数的 26.9%，而近三年平均营业收入在 5 亿元人民币以上的企业仅 29 家，占调查对象总数的 9.4%；调查对象的行业分布方面，医药、生物制品，机械、设备、仪表，纺织、制革、皮毛和造纸、印刷行业的企业居多，共 225 家，占总数的 72.8%，这些重污染企业往往对环境造成破坏性影响，为研究重污染企业的环境战略提供了良好的基础。

表 5.3　　　　　　　　样本基本情况统计（N = 309）

项目	类别	样本数	百分比（%）
管理者职位	CEO/总经理	103	33.3
	企业法人	22	7.1
	董事长	11	3.6

续表

项目	类别	样本数	百分比（%）
管理者职位	研发部经理	39	12.6
	市场部经理	38	12.3
	生产部经理	62	20.1
	环境、健康和安全事务负责人	33	10.7
	其他	1	0.3
管理者性别	男	172	55.7
	女	137	44.3
管理者受教育程度	本科及以下	210	68
	硕士（包括在读）	29	9.4
	MBA/EMBA（包括在读）	66	21.4
	博士及以上（包括在读）	4	1.3
企业成立年限	3年以下	53	17.2
	4—8年	77	24.9
	9—13年	112	36.2
	13年以上	67	21.7
产权性质	国有及国有控股企业	93	30.1
	民营企业	134	43.4
	中外合资企业	48	15.5
	外商独资企业	34	11.0
近三年，平均营业收入（人民币）	300万元以下	18	5.8
	300万元—500万元	64	20.7
	500万元—1000万元	83	26.9
	1000万元—1亿元	55	17.8
	1亿元—5亿元	60	19.4
	5亿元—10亿元	20	6.5
	10亿元以上	9	2.9
所属行业	采掘业	4	1.3
	食品、饮料	11	3.6
	纺织、制革、皮毛	52	16.8
	造纸、印刷	53	17.2
	石油、化学、塑胶、塑料	17	5.5

续表

项目	类别	样本数	百分比（%）
所属行业	金属、非金属	16	5.2
	机械、设备、仪表	57	18.4
	医药、生物制品	63	20.4
	电力、蒸汽及水的生产和供应业	18	5.8
	其他	18	5.8

此外，在研究过程中，基于两方面考虑将企业中层管理者作为调研对象的一部分。一方面，企业战略的制定和实施主要通过自上而下和自下而上两种形式实现，所谓自上而下是指公司最高管理者根据自身经验和企业未来发展的方向制定企业的战略，通过中层管理者贯彻实施高层制定的战略。而自下而上主要根据企业中层管理者的实际经验和工作状况制定初步的发展战略，报告给高层管理者形成企业最终的战略。中层管理者在企业战略制定和实施过程中有着重要的作用，能够通过影响下属初期行为和认知改变，对企业战略制定和实施产生影响。另一方面，在企业环境战略的研究中，众多学者如 Sharma、Aragón-Correa 以及杨德锋、和苏超等的调查对象都包含了与环境相关的部门经理等企业中层管理者。由此，本研究中将中层管理者包含在研究对象中，有一定合理性。

第二节　信度和效度检验

一　社会称许性偏差和共同方法偏差

（一）社会称许性偏差（Social Desirability Bias）

在问卷测量中，社会称许性偏差备受关注[1]。所谓社会称许性偏差是指在测量过程中，被试可能给出的对自我描述的积极、正向评价

---

① Arnold, H. J., Feldman, D. C., "Social Desirability Response Bias in Self-report Choice Situations", *Academy of Management Journal*, Vol. 24, No. 2, 1981, pp. 377–383.

的倾向①。可能存在的社会称许性偏差使得调查问卷的信度和效度降低，对自我报告准确性产生影响②，应尽可能减少社会称许性偏差。为此，一方面，本研究在问卷的首页用大字号黑体加粗强调该问卷的学术性；另一方面，根据 Banerjee 等的方法③，承诺研究结果将是聚合的，被调查对象不会被单独识别，且承诺问卷是涉及特定行动和战略问题，而不是关于一般的道德要求。

（二）共同方法偏差（Common Method Variance）

共同方法偏差是指由于使用同类测量工具而导致两个变量间变异的重叠，产生变量间的虚假相关，而不能代表潜在构念间的真实关系④⑤，是一种系统误差。本研究采用自陈问卷法对研究数据进行收集，变量间的相关很可能由于利用这一相同的测量方法而引起，因此，有必要对共同方法偏差进行检验。本研究采用 Podsakoff 等提出的 Harman 单因子法对共同方法偏差进行检验⑥，运用主成分分析法，通过对整个调查问卷的分析发现，在未旋转的情况下共提取特征值大于 1 的 7 个因子，累计解释了整体变异的 61.665%，其中第一个因子解释了 13.729% 的方差，且因变量和自变量负载不同的因子，可见，共同方法偏差并不严重。

二　量表的信度和效度分析

（一）管理者解释信度与效度分析

运用 SPSS 20.0 统计分析软件对管理者解释进行信度和效度进行分

---

① Paulhus, D. L. , "Social Desirable Responding: The Evolution of a Construct", In Braun, H. , Wiley, D. E. , Jackson, D. N (eds.), *Personality and Intellect*, *Validity and Values*: *Cross-cutting Themes*, New York: Guilford, 1999.

② 李锋、李永娟、任婧、王二平：《工业组织心理学中的社会称许性研究》，《心理科学进展》2004 年第 12 卷第 3 期，第 455—461 页。

③ Banerjee, S. B. , "Managerial Perceptions of Corporate Environmentalism: Interpretations from Industry and Strategic Implications for Organizations", *Journal of Management Studies*, Vol. 38, No. 4, 2001, pp. 489 – 513.

④ Teo, T. , "Considering Common Method Variance in Educational Technology Research", *British Journal of Educational Technology*, Vol. 42, No. 5, 2011, pp. 94 – 96.

⑤ 熊红星、张璟、叶宝娟、郑雪、孙配贞：《共同方法变异的影响及其统计控制途径的模型分析》，《心理科学进展》2012 年第 20 卷第 5 期，第 757—769 页。

⑥ Podsakoff, P. M. , Organ, D. , "Self-reports in Organizational Research: Problems and Prospects", *Journal of Management*, Vol. 12, No. 4, 1986, pp. 531 – 543.

析，由表5.4可知，管理者机会解释维度的Cronbach's α系数为0.821，且删除任意一个题项后，Cronbach's α的系数均低于原有的Cronbach's α的系数值。因此，本研究所选取四个题项间具有较高的内部一致性。由表5.5可知，管理者威胁解释维度的Cronbach's α系数为0.890，且删除任意一个题项后，Cronbach's α的系数均低于原有的Cronbach's α的系数值。因此，本研究所选取四个题项测量威胁解释具有较高的内部一致性。

表5.4　　　　　　　管理者机会解释的信度检验（N = 309）

题项	删除该题项后的 Cronbach's α 值	Cronbach's α 值
我将公司面临的整体自然环境描述为公司的机会	0.766	
对本公司发展而言，我认为所面临的自然环境是积极的	0.757	
我感知到自然环境状况对公司美好未来的促进	0.787	0.821
我认为公司面临的自然环境是可控的	0.789	

表5.5　　　　　　　管理者威胁解释的信度检验（N = 309）

题项	删除该题项后的 Cronbach's α 值	Cronbach's α 值
我将公司面临的整体自然环境描述为公司的威胁	0.868	
对本公司发展而言，我认为所面临的自然环境是消极的	0.844	
我感知到自然环境对公司未来的不利影响	0.857	0.890
我认为公司面临的自然环境是不可控的	0.862	

采用验证性因子分析对管理者解释建构效度的适切性与真实性进行分析，拟合结果如表5.6所示，管理者解释的一阶验证性因子分析模型的基本适配度指标均达到检验标准，表示结果的适配度指标良好。其中，$CMIN/DF = 2.123$，$RMSEA = 0.06$，$GFI = 0.972$，$NFI = 0.965$，$TLI = 0.972$，$CFI = 0.981$，且在$p < 0.001$的水平上各路径系数均具有显著性。根据模型适配度指标及其显著性可以看出，研究模型拟合度较好，本研究所采用的管理者解释量表具备良好的建构效度。

表5.6　　管理者解释验证性因子分析结果（N＝309）

路径			标准化载荷系数	标准化误差	临界比（C. R.）	P值
OP4	＜ - - -	F1	0.681			***
OP3	＜ - - -	F1	0.689	0.084	10.188	***
OP2	＜ - - -	F1	0.792	0.096	11.216	***
OP1	＜ - - -	F1	0.773	0.110	11.070	***
ST4	＜ - - -	F2	0.801			***
ST3	＜ - - -	F2	0.821	0.063	15.587	***
ST2	＜ - - -	F2	0.866	0.062	16.506	***
ST1	＜ - - -	F2	0.783	0.062	14.716	***

模型适配度指标							
CMIN/DF	RMR	GFI	AGFI	NFI	TLI	CFI	RMSEA
2.123	0.043	0.972	0.946	0.965	0.972	0.981	0.060

注：表中 F1、F2 分别表示管理者机会解释和管理者威胁解释；OP1 - OP4 分别表示管理者机会解释的四个题项，ST1 - ST4 分别表示管理者威胁解释的四个题项，具体见附录。

（二）调节聚焦信度和效度分析

采用 SPSS 20.0 统计分析软件对管理者调节聚焦进行信度和效率分析。由表5.7可知，管理者促进聚焦维度的 Cronbach's α 系数为0.933，且删除任意一个题项后，Cronbach's α 的系数均低于原有的 Cronbach's α 的系数值。因此，本书所选取九个题项间具有较高的内部一致性；由表5.8可知，管理者防御聚焦维度的 Cronbach's α 系数为0.828，且删除任意一个题项后，Cronbach's α 的系数均低于原有的 Cronbach's α 的系数值。因此，本书所选取九个题项测量防御聚焦具有较高的内部一致性。

表5.7　　管理者促进聚焦的信度检验（N＝309）

题项	删除该题项后的 Cronbach's α 值	Cronbach's α 值
我常想象自然环境保护中如何实现自己的愿望和志向	0.923	0.933
在自然环境保护中，我常常考虑以后很想成为什么样的人	0.920	

续表

题项	删除该题项后的 Cronbach's α 值	Cronbach's α 值
我通常关注公司自然环境保护将来希望达到的成就	0.924	
我常常在想公司自然环境保护怎样取得成功	0.924	
我的主要目标是实现公司自然环境保护的抱负	0.928	
我努力达到"理想的自我"，如实现公司自然环境保护愿望、志向等	0.923	0.933
总的来说，在自然环境保护中我关注取得正面的结果	0.926	
我常常想象经历到一些自然环境保护方面好的事情	0.929	
总的来说，比起避免失败，我更关注自然环境保护取得的成功	0.925	

表5.8　　　　　　管理者防御聚焦的信度检验（N = 309）

题项	删除该题项后的 Cronbach's α 值	Cronbach's α 值
我会注意避免公司自然环境保护中的负面事件	0.821	
我担心在公司自然环境保护中没能尽到责任和义务	0.814	
我常常担心公司自然环境保护目标不能实现	0.809	
在自然环境保护中，我常常考虑以后不要成为什么样的人	0.820	
我常常想象公司自然环境保护中一些不好的事情	0.801	0.828
我常常在想公司自然环境保护怎么才能避免失败	0.817	
与自然环境保护中收益相比，我更注意防止损失	0.806	
我的主要目标是避免公司自然环境保护可能的失败	0.800	
我努力成为"我应该成为的人"，如履行自然环境保护责任、义务等	0.806	

采用验证性因子分析对管理者调节聚焦建构效度的适切性与真实性进行分析，拟合结果如表5.9所示，管理者调节聚焦的一阶验证性因子分析模型的适配度指标基本达到检验标准，其中，CMIN/DF = 3.181，RMSEA = 0.084，GFI = 0.870，NFI = 0.853，TLI = 0.878，CFI = 0.893，且

在 p<0.001 的水平上，各路径系数均具有显著性。可见，模型的适配度指标 CMIN/DF 接近临界值 3，RMSEA 接近临界值 0.08，GFI、NFI、TLI、CFI 接近临界值 0.9，研究模型拟合度勉强可以接受，本研究所采用的管理者调节聚焦量表的效度可以接受。

表5.9　　　管理者调节聚焦验证性因子分析结果（N=309）

路径			标准化载荷系数	标准化误差	临界比（C.R.）	P值
PO9	<---	F3	0.751			
PO8	<---	F3	0.682	0.076	12.195	***
PO7	<---	F3	0.755	0.077	13.664	***
PO6	<---	F3	0.808	0.078	14.767	***
PO5	<---	F3	0.733	0.080	13.209	***
PO4	<---	F3	0.801	0.079	14.610	***
PO3	<---	F3	0.794	0.081	14.465	***
PO2	<---	F3	0.860	0.086	15.865	***
PO1	<---	F3	0.812	0.082	14.835	***
PE9	<---	F4	0.637			
PE8	<---	F4	0.694	0.123	9.744	***
PE7	<---	F4	0.608	0.114	8.802	***
PE6	<---	F4	0.533	0.117	7.900	***
PE5	<---	F4	0.689	0.135	9.692	***
PE4	<---	F4	0.519	0.122	7.726	***
PE3	<---	F4	0.598	0.105	8.688	***
PE2	<---	F4	0.567	0.116	8.322	***
PE1	<---	F4	0.478	0.099	7.188	***

模型适配度指标

CMIN/DF	RMR	GFI	AGFI	NFI	TLI	CFI	RMSEA
3.181	0.063	0.870	0.083	0.853	0.878	0.893	0.084

注：表中 F3、F4 分别表示管理者促进聚焦和管理者防御聚焦；PO1－PO9 分别表示管理者促进聚焦的九个题项，PE1－PE9 分别表示管理者防御聚焦的九个题项，具体见附录。

（三）环境战略信度和效度分析

运用 SPSS 20.0 统计分析软件对企业环境战略进行信度和效度分析。由表 5.10 可知，前瞻型环境战略维度的 Cronbach's α 系数为 0.915，且删除任意一个题项后，Cronbach's α 的系数均低于原有的 Cronbach's α 的系数值。因此，本研究所选取七个题项间具有较高的内部一致性。由表 5.11 可知，反应型环境战略维度的 Cronbach's α 系数为 0.724，且删除任意一个题项后，Cronbach's α 的系数均低于原有的 Cronbach's α 的系数值。因此，本书所选取四个题项测量反应型环境战略具有较高的内部一致性。

表 5.10　　　　　　　前瞻型环境战略的信度检验 （N = 309）

题项	删除该题项后的 Cronbach's α 值	Cronbach's α 值
公司设置环境绩效目标作为年度业务计划的一部分	0.898	
公司管理评估中包括环境绩效测量情况	0.897	
公司计划并准备发布环境报告	0.900	
公司正在或已经形成认证的环境管理系统	0.906	0.915
公司会测量商业环境绩效的关键部分	0.902	
公司会系统评估产品整个生命周期对自然环境的影响	0.898	
公司在清洁生产技术方面进行了投资	0.914	

表 5.11　　　　　　　反应型环境战略的信度检验 （N = 309）

题项	删除该题项后的 Cronbach's α 值	Cronbach's α 值
公司存在回收废弃物的数据流方式	0.675	
公司对管理者进行环境培训	0.646	0.724
公司对操作人员进行环境培训	0.692	
公司产品生产过程中使用过滤器和其他排放控制方式	0.639	

采用验证性因子分析对环境战略建构效度的适切性与真实性进行分析，拟合结果如表 5.12 所示，环境战略的一阶验证性因子分析模型的基

本适配度指标均达到检验标准，表示结果的适配度指标良好。其中，CMIN/DF = 1.585，RMSEA = 0.044，GFI = 0.962，NFI = 0.958，TLI = 0.979，CFI = 0.984，且在 p < 0.001 的水平上，各个路径系数均具有显著性。可见，研究模型拟合度较好，本研究所采用的环境战略量表具备良好的效度。

表5.12　　　　　　　　环境战略验证性因子分析结果（N = 309）

路径			标准化载荷系数	标准化误差	临界比（C. R.）	P 值
PES7	< - - -	F5	0.670			
PES6	< - - -	F5	0.829	0.084	12.863	***
PES5	< - - -	F5	0.774	0.088	12.140	***
PES4	< - - -	F5	0.732	0.084	11.565	***
PES3	< - - -	F5	0.805	0.085	12.551	***
PES2	< - - -	F5	0.833	0.088	12.915	***
PES1	< - - -	F5	0.826	0.088	12.820	***
RES4	< - - -	F6	0.713			
RES3	< - - -	F6	0.532	0.105	7.363	***
RES2	< - - -	F6	0.704	0.120	8.601	***
RES1	< - - -	F6	0.574	0.111	7.799	***

模型适配度指标

CMIN/DF	RMR	GFI	AGFI	NFI	TLI	CFI	RMSEA
1.585	0.029	0.962	0.941	0.958	0.979	0.984	0.044

注：表中 F5、F6 分别表示前瞻型环境战略和反应型环境战略；PES1 - PES7 分别表示前瞻型环境战略的七个题项，RES1 - RES4 分别表示反应型环境战略的四个题项，具体见附录。

（四）组织结构信度和效度分析

运用 SPSS 20.0 统计分析软件对组织结构进行了信度和效度分析，由表5.13可知，组织结构维度的 Cronbach's α 系数为 0.891，且删除任意一个题项后，Cronbach's α 的系数均低于原有的 Cronbach's α 的系数值。因此，本书所选取七个题项间具有较高的内部一致性。

表 5.13   组织结构的信度检验（N = 309）

题项	删除该题项后的 Cronbach's α 值	Cronbach's α 值
畅通的沟通渠道，重要的金融与操作信息在公司十分自由地传递	0.875	0.891
管理者的操作方式可以任意从非常正式到非常不正式	0.879	
在某一情况下更倾向专家决策，即使这意味着对直线管理人员的暂时忽略	0.875	
特别强调适应环境的变化而不过分考虑过去的做法	0.872	
特别强调把事情办成，即使这意味着无视正规程序	0.874	
控制是宽松、非正式的，强烈依赖对合作的非正式关系和标准以求办成事情	0.876	
倾向于根据环境和个人特性的需求来确定适当的工作行为	0.874	

采用验证性因子分析对组织结构建构效度的适切性与真实性进行分析，拟合结果如表 5.14 所示，组织结构的一阶验证性因子分析模型的基本适配度指标均达到检验标准，表示结果的适配度指标良好。其中，CMIN/DF = 2.306，RMSEA = 0.065，GFI = 0.969，NFI = 0.968，TLI = 0.973，CFI = 0.982，且在 $p < 0.001$ 的水平上，各路径系数均具有显著性。可见，研究模型拟合度较好，本研究所采用的组织结构量表具备良好的效度。

表 5.14   组织结构验证性因子分析结果（N = 309）

路径			标准化载荷系数	标准化误差	临界比（C. R.）	P 值
OS7	< - - -	F7	0.747			
OS6	< - - -	F7	0.731	0.083	12.585	***
OS5	< - - -	F7	0.740	0.075	12.748	***
OS4	< - - -	F7	0.759	0.077	13.093	***
OS3	< - - -	F7	0.730	0.076	12.570	***
OS2	< - - -	F7	0.697	0.080	11.965	***
OS1	< - - -	F7	0.738	0.074	12.712	***

续表

路径		标准化载荷系数	标准化误差	临界比（C. R.）	P 值
模型适配度指标					

CMIN/DF	RMR	GFI	AGFI	NFI	TLI	CFI	RMSEA
2.306	0.030	0.969	0.938	0.968	0.973	0.982	0.065

注：表中 F7 表示组织结构；OS1 – OS7 分别表示组织结构的七个题项，具体见附录。

第三节 相关性分析

利用 SPSS 20.0 统计软件的 Pearson 相关系数对变量间的相关性进行了分析。变量间相关性分析结果如表 5.15 所示，从表中可以看出，管理者个人特征（管理者职位、性别、受教育程度）与企业前瞻型环境战略、反应型环境战略不存在显著相关性，企业特征（成立年限、企业规模、产权性质）与企业前瞻型环境战略、反应型环境战略不存在显著相关性。其原因可能在于，一方面，我国企业对于自然环境的重视程度不够，"先污染，后治理"的发展模式根深蒂固，管理者和企业的环境行为发展缓慢。另一方面，被调查者中管理者职位多样、本科及以下居多、民营企业为主、中小企业偏多等特征，可能使企业没有或不愿将更多的资源和能力投入自然环境的保护中。一定程度上可能影响管理者个体特征和企业特征与企业前瞻型环境战略、反应型环境战略的显著性水平；管理者机会解释与管理者促进聚焦、前瞻型环境战略的相关系数分别为 0.441、0.264，且均在 1% 水平上显著；管理者威胁解释与管理者防御聚焦、反应型环境战略的相关系数分别为 0.346、0.127，且分别在 1%、5% 水平上显著；管理者促进聚焦与前瞻型环境战略的相关系数为 0.291，且在 1% 水平上显著；管理者防御聚焦与反应型环境战略的相关系数为 0.557，且在 1% 水平上显著。此外，从表中可以看出，变量间的相关系数最大为 0.557，可初步判断变量间并不存在严重的多重共线性；变量间的相关性分析结果与提出的研究假设一致，一定程度上证明了本书的研究假设，但相关性分析并不能说明变量间的因果关系，因此，需要通过回归分析来进一步验证变量间的因果关系。

表 5.15

变量间相关性分析结果（N＝309）

	M	SD	1	2	3	4	5	6	7	8	9	10	11	12	13
1 职位	3.68	2.27													
2 性别	1.71	1.15	0.138*												
3 受教育程度	3.62	1.01	0.078	0.117*											
4 企业成立年限	3.55	1.46	-0.020	-0.022	-0.070										
5 企业规模	0.56	0.50	-0.009	-0.032	0.193**	0.064									
6 产权性质	0.91	0.29	-0.001	0.160**	-0.063	-0.087	-0.189**								
7 机会解释	3.38	0.76	0.074	0.123*	0.160**	-0.046	0.130*	-0.125*	(0.821)						
8 威胁解释	3.13	0.98	0.022	-0.193**	-0.090	-0.078	-0.112*	0.073	-0.129*	(0.890)					
9 促进聚焦	2.98	0.97	0.162**	-0.043	0.096	0.052	0.144**	-0.172**	0.441**	-0.198**	(0.933)				
10 防御聚焦	3.84	0.60	-0.051	-0.023	0.050	-0.080	-0.092	0.186**	0.146**	0.346**	-0.075	(0.828)			
11 组织结构	3.92	0.80	0.038	-0.054	-0.019	-0.008	-0.160**	0.004	0.036	0.016	-0.018	0.173**	(0.891)		
12 前瞻型环境战略	3.61	0.72	0.029	-0.024	0.003	0.062	0.013	-0.071	0.264**	-0.177**	0.291**	0.057	0.197**	(0.915)	
13 反应型环境战略	3.93	0.60	-0.045	-0.015	0.024	0.005	-0.024	0.002	0.088	0.127*	-0.023	0.557**	0.212**	0.163**	(0.724)

注：** 表示在 0.01 水平（双侧）上显著相关；* 表示在 0.05 水平（双侧）上显著相关。

第四节 层次回归分析

为了验证第三章提出的研究假设，本章主要通过 SPSS 20.0 统计软件的层次回归法对管理者自然环境问题机会解释、威胁解释与管理者促进聚焦、防御聚焦以及企业前瞻型环境战略、反应型环境战略间的关系进行验证，并对管理者促进聚焦、防御聚焦的中介作用和组织结构的调节作用进行了检验。

一 管理者解释与企业环境战略选择的关系

（一）管理者机会解释与企业前瞻型环境战略：管理者促进聚焦的中介作用

首先，利用层次回归法分析了管理者机会解释、促进聚焦与企业前瞻型环境战略的关系，并检验了管理者促进聚焦的中介作用，回归结果如表 5.16 所示。其中，模型 1-1 为控制变量对前瞻型环境战略的回归结果，其中管理者职位、性别、受教育程度、企业成立年限、企业规模和产权性质对企业前瞻型环境战略并不存在显著影响；模型 1-2 为管理者机会解释对前瞻型环境战略的回归结果，可以看出管理者机会解释对企业前瞻型环境战略存在显著正向影响（模型 1-2：$B = 0.265$，$SE = 0.055$，$p < 0.001$），假设 1 得到验证，说明管理者越将自然环境问题解释为企业的机会，越可能采取前瞻型环境战略；模型 1-5 为管理者机会解释对管理者促进聚焦的回归结果，可以看出，管理者机会解释对管理者促进聚焦存在显著正向影响（模型 1-5：$B = 0.543$，$SE = 0.066$，$p < 0.001$），假设 3 得到验证，即管理者对于自然环境问题的机会解释能够促进其促进聚焦；模型 1-3 为管理者促进聚焦对企业前瞻型环境战略的回归结果，可知管理者促进聚焦对企业前瞻型环境战略存在显著正向影响（模型 1-3：$B = 0.219$，$SE = 0.043$，$p < 0.001$），假设 5 得到验证，可见促进聚焦的管理者更可能采取前瞻型环境战略。

本书采用 Baron 和 Kenny[①] 提出的三步法对管理者促进聚焦进行中介作用的检验。由表 5. 16 的模型 1 - 4 可知，管理者促进聚焦在管理者机会解释与企业前瞻型环境战略关系中起到部分中介作用，假设 7 得到验证。此外，为进一步检验管理者促进聚焦在管理者机会解释与企业前瞻型环境战略关系中的中介作用，按照 Hayes 等[②]的建议，采用非参数百分位 Bootstrap 法进行检验。在检验管理者促进聚焦在管理者机会解释与企业前瞻型环境战略关系中的中介作用时，将样本量设置为 5000，得到 95% 的置信区间 [0. 0383，0. 1508]，置信区间未包含 0，表明中介作用显著，且中介作用大小为 0. 0865。

表 5. 16　　　　管理者促进聚焦的中介作用检验结果 （N = 309）

被解释变量	前瞻型环境战略				管理者促进聚焦
	模型 1 - 1	模型 1 - 2	模型 1 - 3	模型 1 - 4	模型 1 - 5
控制变量					
常数项	3. 580 ***	2. 693 ***	2. 986 ***	2. 551 ***	0. 891 *
	(0. 258)	(0. 309)	(0. 273)	(0. 306)	(0. 375)
管理者职位	0. 010	0. 006	- 0. 005	- 0. 004	0. 062 **
	(0. 018)	(0. 018)	(0. 018)	(0. 018)	(0. 022)
性别	- 0. 026	- 0. 076	- 0. 006	- 0. 045	- 0. 194 +
	(0. 086)	(0. 083)	(0. 082)	(0. 082)	(0. 101)
受教育程度	0. 002	- 0. 017	- 0. 009	- 0. 019	0. 013
	(0. 037)	(0. 036)	(0. 036)	(0. 035)	(0. 044)
企业成立年限	0. 041	0. 051	0. 032	0. 041	0. 059
	(0. 041)	(0. 040)	(0. 040)	(0. 039)	(0. 049)
企业规模	- 0. 002	- 0. 015	- 0. 017	- 0. 021	0. 043
	(0. 029)	(0. 028)	(0. 028)	(0. 028)	(0. 035)

① Baron, R. M., Kenny, D., "The Moderator Mediator Variable Distinction in Social Psychological Research: Conceptual, Strategic, and Statistical Considerations", *Journal of Personality and Social Psychology*, Vol. 51, No. 6, 1986, pp. 1173 - 1182.

② Hayes, A. F., *An Introduction to Mediation, Moderation, and Conditional Process Analysis: A Regression-based Approach*, New York: Guilford Press, 2013.

续表

被解释变量	前瞻型环境战略				管理者促进聚焦
	模型 1 - 1	模型 1 - 2	模型 1 - 3	模型 1 - 4	模型 1 - 5
产权性质	- 0.157	- 0.071	- 0.057	- 0.027	- 0.279
	(0.147)	(0.143)	(0.142)	(0.141)	(0.173)
自变量					
管理者机会解释		0.265 ***		0.178 **	0.543 ***
		(0.055)		(0.059)	(0.066)
管理者促进聚焦			0.219 ***	0.159 ***	
			(0.043)	(0.047)	
R^2	0.009	0.081	0.089	0.115	0.243
Adjusted R^2	- 0.010	0.059	0.068	0.092	0.226
F	0.473	1.854 ***	4.189 ***	4.888 ***	13.836 ***
ΔR^2	0.009	0.072	0.079	0.034	0.168
ΔF	0.473	23.435 ***	26.247 ***	11.681 ***	66.766 ***
VIF 最大值	1.080	1.090	1.093	1.322	1.090

注：+ 代表 $p < 0.1$，* 代表 $P < 0.05$，** 代表 $P < 0.01$，*** 代表 $P < 0.001$；括号内为相应的标准误。

（二）管理者威胁解释与企业反应型环境战略：管理者防御聚焦的中介作用

利用层次回归法分析管理者威胁解释、管理者防御聚焦与反应型环境战略的关系，并检验了管理者防御聚焦的中介作用，回归结果如表 5.17 所示。其中，模型 2 - 1 为控制变量对反应型环境战略的回归结果，管理者职位、性别、受教育程度、企业成立年限、企业规模和产权性质对企业反应型环境战略并不存在显著影响；模型 2 - 2 为管理者威胁解释对反应型环境战略的回归结果，可以看出管理者威胁解释对企业反应型环境战略存在显著正向影响（模型 2 - 2：$B = 0.082$，$SE = 0.036$，$p < 0.05$），假设 2 得到验证，说明管理者越将自然环境问题解释为企业的威胁，越可能采取反应型环境战略；模型 2 - 5 为管理者威胁解释对管理者防御聚焦的回归结果，可以看出，管理者威胁解释对管理者防御聚焦存在显著正向影响（模型 2 - 5：$B = 0.211$，$SE = 0.034$，$p < 0.001$），假设 4

得到验证，即管理者越将面临的自然环境问题解释为企业发展的威胁，越可能诱发管理者的防御聚焦；模型 2 – 3 为管理者防御聚焦对企业反应型环境战略的回归结果，可知管理者防御聚焦对企业反应型环境战略存在显著正向影响（模型 2 – 3：$B = 0.575$，$SE = 0.048$，$p < 0.001$），假设 6 得到验证，可见，防御聚焦的管理者倾向于对于自然环境问题的规制、标准仅仅做出反应而非超越，更可能采取反应型环境战略。

本书采用 Baron 和 Kenny[①] 提出的三步法对管理者防御聚焦进行中介作用的检验。由表 5.17 模型 2 – 4 可知，管理者防御聚焦在管理者威胁解释与企业反应型环境战略关系中起到完全中介作用，假设 8 得到验证，说明管理者对自然环境问题的威胁解释能够通过管理者的防御聚焦对企业反应型环境战略产生影响。此外，为进一步验证管理者防御聚焦在管理者威胁解释与企业反应型环境战略关系中的中介作用，按照 Hayes 等[②] 的建议，采用非参数百分位 Bootstrap 法进行检验。在检验管理者防御聚焦在管理者威胁解释与企业反应型环境战略关系中的中介作用时，将样本量设置为 5000，得到 95% 的置信区间 [0.0717，0.1896]，置信区间未包含 0，表明中介作用显著，且中介作用大小为 0.1266。

表 5.17　　　管理者防御聚焦的中介作用检验结果（N = 309）

被解释变量	反应型环境战略				管理者防御聚焦
	模型 2 – 1	模型 2 – 2	模型 2 – 3	模型 2 – 4	模型 2 – 5
控制变量					
常数项	3.974*** (0.214)	3.679*** (0.249)	1.819*** (0.253)	1.887*** (0.258)	2.990*** (0.233)
管理者职位	−0.012 (0.015)	−0.014 (0.015)	−0.004 (0.013)	−0.003 (0.013)	−0.018 (0.014)

① Baron, R. M., Kenny, D., "The Moderator Mediator Variable Distinction in Social Psychological Research: Conceptual, Strategic, and Statistical Considerations", *Journal of Personality and Social Psychology*, Vol. 51, No. 6, 1986, pp. 1173 – 1182.

② Hayes, A. F., *An Introduction to Mediation, Moderation, and Conditional Process Analysis: A Regression-based Approach*, New York: Guilford Press, 2013.

续表

被解释变量	反应型环境战略				管理者防御聚焦
	模型 2 - 1	模型 2 - 2	模型 2 - 3	模型 2 - 4	模型 2 - 5
性别	-0.016	0.018	0.025	0.008	0.016
	(0.071)	(0.072)	(0.059)	(0.060)	(0.068)
受教育程度	0.019	0.022	-0.006	-0.009	0.053 +
	(0.031)	(0.031)	(0.026)	(0.026)	(0.029)
企业成立年限	0.005	0.011	0.024	0.022	-0.019
	(0.034)	(0.034)	(0.028)	(0.029)	(0.032)
企业规模	-0.013	-0.008	0.004	0.002	-0.017
	(0.024)	(0.024)	(0.020)	(0.020)	(0.023)
产权性质	0.002	-0.020	-0.215 *	-0.212 *	0.321 **
	(0.122)	(0.122)	(0.102)	(0.102)	(0.113)
自变量					
管理者威胁解释		0.082 *		-0.044	0.211 ***
		(0.036)		(0.032)	(0.034)
管理者防御聚焦			0.575 ***	0.599 ***	
			(0.048)	(0.051)	
R^2	0.004	0.021	0.323	0.327	0.162
Adjusted R^2	-0.016	-0.002	0.307	0.310	0.142
F	0.200	0.913	20.535 ***	18.260 ***	8.293 ***
ΔR^2	0.004	0.017	0.319	0.307	0.108
ΔF	0.200	5.177 **	141.986 ***	136.800 ***	38.932 ***
VIF 最大值	1.080	1.110	1.085	1.212	1.088

注: + 代表 $p < 0.1$, * 代表 $P < 0.05$, ** 代表 $P < 0.01$, *** 代表 $P < 0.001$; 括号内为相应的标准误。

二 组织结构的调节作用

本研究引入组织结构作为管理者调节聚焦（促进聚焦与防御聚焦）与企业环境战略选择（前瞻型环境战略与反应型环境战略）关系的调节变量，具体而言，相对机械式组织结构而言，在有机式组织结构中，管理者促进聚焦与前瞻型环境战略的正向关系（H9）得到加强；相对有机式组织结构而言，在机械式组织结构中，管理者防御聚焦与反应型环境战略的正向关系（H10）得到强化。

（一）组织结构在管理者促进聚焦与前瞻型环境战略关系中的调节作用

表5.18为组织结构在管理者促进聚焦与前瞻型环境战略关系中的调节作用。从模型4 - 4中可以看出，管理者促进聚焦对企业前瞻型环境战略存在显著影响（模型4 - 4：$B = 0.204$，$SE = 0.040$，$p < 0.001$），组织结构对企业前瞻型环境战略存在显著影响（模型4 - 4：$B = 0.138$，$SE = 0.039$，$p < 0.01$），管理者促进聚焦与组织结构的交互项对企业前瞻型环境战略存在显著影响（模型4 - 4：$B = 0.107$，$SE = 0.039$，$p < 0.01$），假设H9得到验证。此外，可以看出VIF最大值均低于10，说明模型不存在严重的多重共线性。说明相对机械式组织结构，有机式组织结构中，高促进聚焦的管理者更可能采取前瞻型环境战略。

表5.18　　　　组织结构在管理者促进聚焦与前瞻型环境
战略关系中的调节作用（N = 309）

被解释变量	前瞻型环境战略			
	模型4 - 1	模型4 - 2	模型4 - 3	模型4 - 4
控制变量				
常数项	3.580 ***	3.639 ***	3.576 ***	3.580 ***
	(0.258)	(0.248)	(0.243)	(0.241)
管理者职位	0.010	-0.005	-0.008	-0.012
	(0.018)	(0.018)	(0.018)	(0.017)
性别	-0.026	-0.006	0.014	0.011
	(0.086)	(0.082)	(0.081)	(0.080)
受教育程度	0.002	-0.009	-0.012	-0.020
	(0.037)	(0.036)	(0.035)	(0.035)
企业成立年限	0.041	0.032	0.032	0.032
	(0.041)	(0.040)	(0.039)	(0.039)
企业规模	-0.002	-0.017	0.000	0.005
	(0.029)	(0.028)	(0.028)	(0.028)

续表

被解释变量	前瞻型环境战略			
	模型 4 - 1	模型 4 - 2	模型 4 - 3	模型 4 - 4
自变量				
产权性质	- 0.157 (0.147)	- 0.057 (0.142)	- 0.049 (0.139)	- 0.041 (0.138)
管理者促进聚焦		0.212 *** (0.041)	0.213 *** (0.040)	0.204 *** (0.040)
调节变量				
组织结构			0.147 *** (0.040)	0.138 ** (0.039)
交互项				
管理者促进聚焦 * 组织结构				0.107 ** (0.039)
R^2	0.009	0.089	0.129	0.150
Adjusted R^2	- 0.010	0.068	0.106	0.125
F	0.473	4.189 ***	5.556 ***	5.884 ***
ΔR^2	0.009	0.079	0.040	0.021
ΔF	0.473	26.247 ***	13.873 ***	7.535 **
VIF 最大值	1.080	1.093	1.120	1.126

注：+ 代表 p < 0.1，* 代表 P < 0.05，** 代表 P < 0.01，*** 代表 P < 0.001；括号内为相应的标准误。

为进一步验证组织结构在管理者促进聚焦与前瞻型环境战略关系中的调节作用，本研究使用 Aiken 和 West[①] 的方法构建了调节作用图（图 5.1），简单斜率检验（Simple Slopes Test）结果显示，在机械式组织结构中（低于均值一个标准差），管理者促进聚焦对企业前瞻型环境战略的影响不显著（$B = 0.005$，$p > 0.05$，[- 0.2776，0.2873]），而在有机

① Aiken, L. S., West, S. G., *Multiple Regression: Testing and Interpreting Interactions*, Newbury Park, CA: Sage, 1991.

式组织结构中（高于均值一个标准差），管理者促进聚焦对企业前瞻型环境战略存在显著影响（$B = 0.745$，$p < 0.001$，[0.5074，0.9827]）。从图5.1中可以看出，与机械式组织结构相比，有机式组织结构强化了管理者促进聚焦与前瞻型环境战略的正向关系。

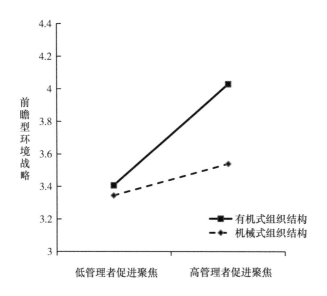

图5.1　组织结构在管理者促进聚焦与前瞻型环境战略关系中的调节作用

（二）组织结构在管理者防御聚焦与反应型环境战略关系中的调节作用

表5.19为组织结构在管理者防御聚焦与反应型环境战略关系中的调节作用。从模型6-4中可以看出，管理者防御聚焦显著正向影响反应型环境战略（模型6-4：$B = 0.328$，$SE = 0.029$，$p < 0.001$），组织结构显著正向影响反应型环境战略（模型6-4：$B = 0.061$，$SE = 0.030$，$p < 0.05$），管理者防御聚焦与组织结构的交互项对反应型环境战略存在显著负向影响（模型6-4：$B = -0.049$，$SE = 0.025$，$p < 0.1$），说明与机械式组织结构相比，有机式组织结构弱化了管理者防御聚焦与反应型环境战略的正向关系，假设H10得到验证；此外，从表5.19可以看出，VIF最大值均低于10，说明模型不存在严重的多重共线性。

表5.19 组织结构在管理者防御聚焦与反应型环境
战略关系中的调节作用 (N=309)

被解释变量	反应型环境战略			
	模型6-1	模型6-2	模型6-3	模型6-4
控制变量				
常数项	3.974***	4.030***	3.997***	3.999***
	(0.214)	(0.177)	(0.176)	(0.175)
管理者职位	-0.012	-0.004	-0.006	-0.005
	(0.015)	(0.013)	(0.013)	(0.013)
性别	-0.016	0.025	0.033	0.051
	(0.071)	(0.059)	(0.059)	(0.059)
受教育程度	0.019	-0.006	-0.006	-0.004
	(0.031)	(0.026)	(0.025)	(0.025)
企业成立年限	0.005	0.024	0.024	0.025
	(0.034)	(0.028)	(0.028)	(0.028)
企业规模	-0.013	0.004	0.012	0.008
	(0.024)	(0.020)	(0.020)	(0.020)
产权性质	0.002	-0.215*	-0.203*	-0.204*
	(0.122)	(0.102)	(0.102)	(0.101)
自变量				
管理者防御聚焦		0.348***	0.335***	0.328***
		(0.029)	(0.029)	(0.029)
调节变量				
组织结构			0.073*	0.061*
			(0.029)	(0.030)
交互项				
管理者防御聚焦*组织结构				-0.049+
				(0.025)
R^2	0.004	0.323	0.337	0.345
Adjusted R^2	-0.016	0.307	0.320	0.326
F	0.002	20.535***	19.085***	17.524***
ΔR^2	0.004	0.319	0.014	0.008

被解释变量	反应型环境战略			
	模型 6 – 1	模型 6 – 2	模型 6 – 3	模型 6 – 4
ΔF	0.200	141.986***	6.370*	3.675+
VIF 最大值	1.080	1.085	1.111	1.129

注：+代表 p < 0.1，*代表 P < 0.05，**代表 P < 0.01，***代表 P < 0.001；括号内为相应的标准误。

　　为进一步验证组织结构在管理者防御聚焦与反应型环境战略关系中的调节作用，本研究使用 Aiken 和 West 的方法构建了调节作用图（图5.2），简单斜率检验（Simple Slopes Test）结果显示，在机械式组织结构中（低于均值一个标准差），管理者防御聚焦对企业反应型环境战略存在显著影响（$B = 0.639$，$p < 0.001$，[0.3558, 0.9216]），而在有机式组织结构中（高于均值一个标准差），管理者防御聚焦对企业反应型环境战略不存在严格意义上的显著影响（$B = 0.306$，$p > 0.05$，[−0.0055, 0.6179]），从图 5.2 中可以看出，与有机式组织结构相比，机械式组织结构强化了管理者防御聚焦与反应型环境战略的正向关系。

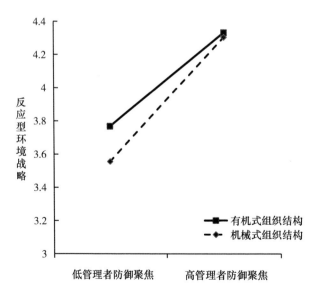

图5.2　组织结构在管理者防御聚焦与反应型环境战略关系中的调节作用

三　有调节的中介模型检验

为进一步说明组织结构与管理者调节聚焦、企业环境战略选择交互作用的关系，本研究提出组织结构对"管理者解释—管理者调节聚焦—企业环境战略选择"的中介作用可能存在显著的调节作用，并对可能存在的有调节的中介作用进行了探索性分析。根据调节作用的检验结果，研究采用温忠麟和叶宝娟提出的有调节的中介模型层次检验流程（如图 5.3）[1]，检验了组织结构对于管理者调节聚焦与企业环境战略选择这一后半路径的调解的中介过程。具体步骤如下[2]：第一，自变量和调节变量对因变量回归；第二，自变量和调节变量对中介变量回归；第三，自变量、调节变量和中介变量对因变量回归；第四，自变量、调节变量、中介变量及调节变量与中介变量的交互项对因变量回归。当第一、第二中自变量系数显著，第三中的中介变量系数显著，第四中的交互项系数显著时，说明有调节的中介效应存在，在分析过程中对所有变量进行了标准化处理，构建了调节变量与中介变量的交互项。叶宝娟等[3]、吴绍棠等[4]、卫旭华等[5]众多学者采取了这一方法对有调节的中介效应进行检验。

（一）管理者机会解释与企业前瞻型环境战略的关系：有调节的中介模型检验

由表 5.20 可知，模型 7-2 为管理者机会解释、组织结构对前瞻型环境战略的回归结果，其中管理者机会解释对企业前瞻型环境战略存在显著正向影响（模型 7-2：$B = 0.265$，$SE = 0.056$，$p < 0.001$）；模型 7-3

---

①　温忠麟、叶宝娟：《有调节的中介模型检验方法：竞争还是替补?》，《心理学报》2014年第 46 卷第 5 期，第 714—726 页。

②　温忠麟、张雷、侯杰泰：《有中介的调节变量和有调节的中介变量》，《心理学报》2006年第 38 卷第 3 期，第 448—452 页。

③　叶宝娟、杨强、胡竹菁：《感恩对青少年学业成就的影响：有调节的中介效应》，《心理发展与教育》2013 年第 29 卷第 2 期，第 192—199 页。

④　吴绍棠、李燕萍：《企业的联盟网络多元性有利于合作创新吗——一个有调节的中介效应模型》，《南开管理评论》2014 年第 17 卷第 3 期，第 152—160 页。

⑤　卫旭华、刘咏梅、岳柳青：《高管团队权力不平等对企业创新强度的影响——有调节的中介效应》，《南开管理评论》2015 年第 18 卷第 3 期，第 24—33 页。

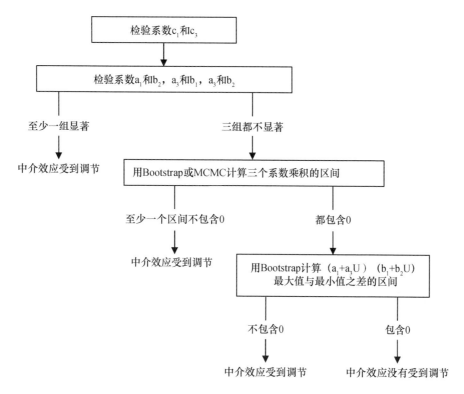

图5.3　有调节的中介模型层次检验流程

为管理者机会解释、组织结构对管理者促进聚焦的回归结果，其中管理者机会解释对管理者促进聚焦存在显著正向影响（模型7－3：$B=0.426$，$SE=0.052$，$p<0.001$）；模型7－4为管理者机会解释、组织结构、管理者促进聚焦对前瞻型环境战略的回归结果，其中管理者促进聚焦对企业前瞻型环境战略存在显著正向影响（模型7－4：$B=0.222$，$SE=0.061$，$p<0.001$）；模型7－5为管理者机会解释、组织结构、管理者促进聚焦、组织结构与管理者促进聚焦交互项对前瞻型环境战略的回归结果，其中组织结构与管理者促进聚焦交互项对企业前瞻型环境战略存在显著正向影响（模型7－5：$B=0.151$，$SE=0.054$，$p<0.01$），且加入组织结构与管理者促进聚焦交互项后，模型7－5比模型7－4的解释度增加了2.2%（$\Delta R^2=0.022$，$\Delta F=7.991$，$p<0.01$）。

综上可见，在管理者机会解释与企业前瞻型环境战略关系中，有调节的中介模型得以验证。说明组织结构具有调节管理者促进聚焦的中介作用，与机械式组织结构相比，在有机式组织结构中，管理者促进聚焦在管理者机会解释与企业前瞻型环境战略之间的中介效应更强。

（二）管理者威胁解释与企业反应型环境战略的关系：有调节的中介模型检验

由表5.21可知，模型8-2为管理者威胁解释、组织结构对反应型环境战略的回归结果，其中管理者威胁解释对企业反应型环境战略存在显著正向影响（模型8-2：$B=0.138$，$SE=0.058$，$p<0.05$）；模型8-3为管理者威胁解释、组织结构对管理者防御聚焦的回归结果，其中管理者威胁解释对管理者防御聚焦存在显著正向影响（模型8-3：$B=0.344$，$SE=0.054$，$p<0.001$）；模型8-4为管理者威胁解释、组织结构、管理者防御聚焦对反应型环境战略的回归结果，其中管理者防御聚焦对企业反应型环境战略存在显著正向影响（模型8-4：$B=0.582$，$SE=0.052$，$p<0.001$）；模型8-5为管理者威胁解释、组织结构、管理者防御聚焦、组织结构与管理者防御聚焦交互项对反应型环境战略的回归结果，其中组织结构与管理者防御聚焦交互项对企业反应型环境战略存在显著负向影响（模型8-5：$B=-0.083$，$SE=0.042$，$p<0.1$），且加入组织结构与管理者防御聚焦交互项后，模型8-5比模型8-4的解释度增加了0.8%（$\Delta R^2=0.008$，$\Delta F=3.822$，$p<0.1$），虽然ΔR^2的增幅较小，但交互项系数显著，且控制主效应后，调节作用的影响程度都很小[①]。

可见，在管理者威胁解释与企业反应型环境战略的关系中，有调节的中介模型得以验证。说明组织结构具有调节管理者防御聚焦的中介作用，与机械式组织结构相比，在有机式组织结构中，管理者防御聚焦在管理者威胁解释与企业反应型环境战略之间的中介效应更弱。

① Aguinis, H., "Statistical Power Problems with Moderated Multiple Regression in Management Research", *Journal of Management*, Vol. 21, No. 6, 1995, pp. 1141-1158.

表5.20　管理者机会解释对企业前瞻型环境战略战略有调节的中介效应检验 （N=309）

变量	前瞻型环境战略				管理者促进聚焦		前瞻型环境战略			
	模型 7-1		模型 7-2		模型 7-3		模型 7-4		模型 7-5	
	B	SE	B	SE	B	SE	B	SE	B	SE
常数项	0.217	0.194	0.128	0.184	0.377*	0.170	0.045	0.182	0.039	0.180
管理者职位	0.032	0.058	0.011	0.055	0.147**	0.051	-0.021	0.055	-0.033	0.054
性别	-0.036	0.119	-0.078	0.114	-0.206+	0.105	-0.032	0.112	-0.037	0.111
受教育程度	0.003	0.059	-0.029	0.057	0.016	0.052	-0.033	0.055	-0.047	0.055
企业成立年限	0.057	0.058	0.070	0.055	0.062	0.051	0.056	0.054	0.056	0.053
企业规模	-0.004	0.060	0.003	0.058	0.059	0.053	-0.010	0.056	0.001	0.056
产权性质	-0.217	0.203	-0.094	0.194	-0.290	0.179	-0.029	0.191	-0.018	0.189
管理者机会解释			0.265***	0.056	0.426***	0.052	0.171**	0.061	0.174**	0.060
组织结构			0.185**	0.055	-0.034	0.051	0.193***	0.054	0.179**	0.054
管理者促进聚焦							0.222***	0.061	0.208**	0.061
管理者促进聚焦 * 组织结构									0.151**	0.054
R^2	0.009		0.114		0.245		0.151		0.173	
Adjusted R^2	-0.010		0.090		0.224		0.126		0.146	
F	0.473		4.828***		12.141***		5.919***		6.251***	
ΔR^2	0.009		0.105		0.169		0.037		0.022	
ΔF	0.473		17.737***		33.546***		13.091***		7.991**	
VIF最大值	1.080		1.120		1.120		1.324		1.333	

注：+ 代表 $p<0.1$，* 代表 $P<0.05$，** 代表 $P<0.01$，*** 代表 $P<0.001$；括号内为相应的标准误。

表5.21　管理者威胁解释对企业反应型环境战略有调节的中介效应检验 （N=309）

变量	反应型环境战略				管理者防御聚焦		反应型环境战略			
	模型 8-1		模型 8-2		模型 8-3		模型 8-4		模型 8-5	
	B	SE	B	SE	B	SE	B	SE	B	SE
常数项	0.011	0.194	-0.013	0.189	-0.517**	0.176	0.287+	0.161	0.286+	0.161
管理者职位	-0.046	0.058	-0.063	0.057	-0.077	0.053	-0.019	0.048	-0.013	0.048
性别	-0.027	0.119	0.060	0.118	0.050	0.110	0.030	0.100	0.060	0.100
受教育程度	0.036	0.059	0.039	0.058	0.097+	0.054	-0.017	0.049	-0.012	0.049
企业成立年限	0.009	0.058	0.018	0.056	-0.031	0.053	0.036	0.048	0.038	0.047
企业规模	-0.032	0.060	0.017	0.059	-0.013	0.055	0.025	0.050	0.013	0.050
产权性质	0.004	0.204	-0.022	0.198	0.539**	0.185	-0.335*	0.169	-0.337*	0.169
管理者威胁解释			0.138*	0.058	0.344***	0.054	-0.062	0.052	-0.065	0.052
组织结构			0.217***	0.057	0.171*	0.053	0.118*	0.049	0.096+	0.050
管理者防御聚焦							0.582***	0.052	0.571***	0.052
管理者防御聚焦 * 组织结构									-0.083+	0.042
R²	0.004		0.066		0.190		0.340		0.349	
Adjusted R²	-0.016		0.042		0.168		0.321		0.327	
F	0.200		2.667**		8.789***		17.149***		15.962***	
ΔR²	0.004		0.062		0.137		0.274		0.008	
ΔF	0.200		10.034***		25.294***		124.239***		3.822+	
VIF 最大值	1.080		1.118		1.118		1.234		1.248	

注：+代表 p<0.1，*代表 p<0.05，**代表 p<0.01，***代表 p<0.001；括号内为相应的标准误。

第五节　结果与讨论

一　实证研究结果汇总

本章利用 SPSS 20.0 统计分析软件对第三章提出的研究假设进行了检验，通过对收集的 309 份问卷的信度和效度分析、相关分析及层次回归分析，探讨了管理者解释（机会解释和威胁解释）、管理者聚焦（促进聚焦和防御聚焦）及企业环境战略选择（前瞻型环境战略和反应型环境战略）间的关系，并进一步阐述了管理者调节聚焦的中介作用和组织结构的调节作用。表 5.22 为检验结果汇总。

表 5.22　　　　　　　　　　研究假设检验结果汇总

假设序号	假设内容	检验结果
H1	管理者对自然环境问题的机会解释对企业前瞻型环境战略存在显著正向影响	支持
H2	管理者对自然环境问题的威胁解释对企业反应型环境战略存在显著正向影响	支持
H3	管理者对自然环境问题的机会解释对管理者促进聚焦存在显著正向影响	支持
H4	管理者对自然环境问题的威胁解释对管理者防御聚焦存在显著正向影响	支持
H5	管理者促进聚焦对企业前瞻型环境战略存在显著正向影响	支持
H6	管理者防御聚焦对企业反应型环境战略存在显著正向影响	支持
H7	管理者促进聚焦在管理者对自然环境问题的机会解释与企业前瞻型环境战略关系中起中介作用	支持
H8	管理者防御聚焦在管理者对自然环境问题的威胁解释与企业反应型环境战略关系中起中介作用	支持
H9	组织结构调节管理者促进聚焦与企业前瞻型环境战略之间的关系：相对机械式组织结构而言，在有机式组织结构中，管理者促进聚焦与企业前瞻型环境战略之间的正向关系得到加强	支持
H10	组织结构调节管理者防御聚焦与企业反应型环境战略之间的关系：相对机械式组织结构而言，在有机式组织结构中，管理者防御聚焦与企业反应型环境战略之间的正向关系受到削弱	支持

二　实证研究结果讨论

（一）管理者解释与企业环境战略选择

本书关注管理者自然环境问题解释对于企业环境战略选择的影响，在研究中，将管理者解释划分为管理者机会解释和管理者威胁解释，从企业的环境实践出发将企业环境战略区分为前瞻型环境战略和反应型环境战略，分别探讨了管理者机会解释与前瞻型环境战略、管理者威胁解释与反应型环境战略的关系。利用 SPSS 20.0 统计分析软件对收集的 309 家企业数据进行了信度和效度分析、相关分析及层次回归分析，验证了管理者解释与企业环境战略选择的关系。

首先，管理者基于对自身能力和外部环境的认知、识别、关注、利用，以此进行战略行为的选择。尚航标等认为，管理认知对企业战略行为存在直接和关键性作用①，管理者对于环境问题认知、解释的差异将导致环境战略的不同。其次，实证分析表明，管理者机会解释与企业前瞻型环境战略存在显著的正向关系，这一研究结论与 Sharma、和苏超等研究结论相一致。当管理者将面临的自然环境问题解释为企业机会时，企业管理者为抓住机会可能将更多的资源和能力投入自然环境问题的处理中，鼓励员工参与，促进企业的产品和过程创新，促使企业采取前瞻型环境战略。最后，实证分析发现，管理者威胁解释与企业反应型环境战略存在显著正向关系，当管理者将面临的自然环境问题解释为企业威胁时，易形成刻板印象，倾向于采取稳妥、惯例、保守性的战略决策，将更多的资源和能力投入低风险、缺乏创新的经营活动中，更可能采取反应型环境战略。

（二）管理者解释与管理者调节聚焦

管理者调节聚焦主要包括促进聚焦和防御聚焦，通过对 309 家企业数据的实证分析厘清了管理者机会解释与管理者促进聚焦、管理者威胁解释与管理者防御聚焦的关系。具体而言，实证分析发现，管理者机会解释与管理者促进聚焦间存在显著的正向关系，当管理者将自然环境问题

---

① 尚航标、黄培伦:《管理认知与动态环境下企业竞争优势——万和集团案例研究》，《南开管理评论》2010 年第 13 卷第 3 期，第 70—79 页。

解释为机会时，能够唤起管理者积极情绪，增强对外部环境控制的信心，提升管理者的成长、发展需求，便于拓展企业的资源和能力，使管理者更倾向于采取冒险性决策，与促进聚焦形成良好的匹配；管理者威胁解释对管理者防御聚焦产生积极影响，注意力基础观认为，管理者作出的决策与管理者注意力分配、所处情景及企业资源和能力有关。管理者将注意力聚焦为自然环境问题的威胁时，倾向于采取安全、保守、稳妥的战略决策，认为外部环境对企业发展是消极的且可控性降低，可能给企业带来损失，诱发管理者的防御聚焦。

（三）管理者调节聚焦与企业环境战略选择

调节匹配理论认为，个人追求目标的策略方式与当前的调节聚焦类型相适应时，会产生调节匹配效应，增强个体当前行为的"正确感"和"价值感"，促进当前行为的进一步完善①。促进聚焦的管理者对积极结果更加敏感，渴望取得成功，更注重成长、发展等需求，倾向于采取冒险、突破性决策，乐于将企业具备的资源投入最优的产品和服务中，采取领先于竞争对手的战略，更可能采取前瞻型环境战略；而防御聚焦的管理者害怕改变现状，注重安全、防御需求，善于将有限资源投入惯例活动、稳定项目中，更可能采取反应型环境战略。利用 SPSS 20.0 统计分析软件对 309 家企业的分析亦表明，管理者促进聚焦与企业的前瞻型环境战略之间存在显著的正向关系，管理者防御聚焦与反应型环境战略间存在显著的正向关系。

（四）管理者解释与企业环境战略选择：管理者调节聚焦的中介作用

通过文献梳理，本研究考察了管理者调节聚焦在管理者解释与企业环境战略选择中的中介作用，丰富了有关管理者解释与环境战略关系的研究，弥补了关于管理者解释通过怎样的途径对环境战略产生影响方面的不足。实证分析结果表明，管理者促进聚焦在管理者机会解释与企业前瞻型环境战略中起到部分中介作用，管理者防御聚焦在管理者威胁解释与企业反应型环境战略关系中起到完全中介作用。

---

① Pham, M. T., Chang, H. H., "Regulatory Focus, Regulatory Fit, and the Search and Consideration of Choice Alternatives", *Journal of Consumer Research*, Vol. 37, No. 4, 2010, pp. 626 – 640.

（五）组织结构的调节作用

本研究引入组织结构作为影响管理者调节聚焦与企业环境战略选择关系的调节变量，实证研究结果支持了本书的研究假设。其中，组织结构在管理者促进聚焦与前瞻型环境战略关系中起到显著的正向调节作用，在管理者防御聚焦与反应型环境战略关系中起到显著的负向调节作用。具体而言，与机械式组织结构相比，在有机式组织结构中，高促进聚焦的管理者更可能采取前瞻型环境战略，高防御聚焦的管理者更可能采取反应型环境战略。在有机式组织结构中，灵活性和适应性较高，便于沟通交流，高促进聚焦的管理者能够对环境变化作出快速反应，抓住机会，促进前瞻型环境战略的实施；而高防御聚焦的管理者更加墨守成规，采取极为安全、稳定的策略，仅仅对环境做出反应，实施反应型环境战略。

第六节　本章小结

本章借助 SPSS 20.0 统计分析软件，利用收集到的 309 家企业的样本数据对第三章的研究假设和概念模型进行了分析、检验。本章首先介绍了调查样本的基本情况，对样本进行了描述性分析、信度和效度分析、相关分析和多元层次分析。实证分析结果表明，管理者对自然环境问题的机会解释对企业前瞻型环境战略存在显著正向影响、管理者对自然环境问题的威胁解释对企业反应型环境战略存在显著正向影响，H1、H2 得到验证；管理者对自然环境问题的机会解释对管理者促进聚焦存在显著正向影响、管理者促进聚焦对企业前瞻型环境战略存在显著正向影响，且管理者促进聚焦在管理者机会解释与企业前瞻型环境战略关系中起到部分中介作用，H3、H5、H7 得到验证；管理者对自然环境问题的威胁解释对管理者防御聚焦存在显著正向影响、管理者防御聚焦对企业反应型环境战略存在显著正向影响，且管理者防御聚焦在管理者威胁解释与企业反应型环境战略关系中起到完全中介作用，H4、H6、H8 得到验证；引入组织结构作为管理者调节聚焦与企业环境战略选择关系的调节变量，研究发现，与机械式组织结构相比，有机式组织结构在管理者促进聚焦与前瞻型环境战略关系中起到正向调节作用，而在管理者防御聚焦与反应型环境战略关系中起到负向调节作用，H9、H10 得到验证。

第 六 章

研究结论与展望

本书通过前面五章的内容对管理者解释、管理者调节聚焦及企业环境战略选择的关系进行了深入、全面的探讨，实证检验了管理者解释对企业环境战略选择的影响机制，论证了组织结构的情景作用。本章将对研究的主要结论进行总结，讨论文章的理论贡献和实践启示，并对存在的不足和未来的研究展望进行了说明。

第一节　研究结论

随着经济的发展，环境污染问题日益加剧，已严重威胁人类的生存，"新常态"下企业原有粗放式发展模式受到资源和环境的双重压力，政府环境规制不断加强、公众要求企业承担社会责任、媒体监督进一步强化，面对众多利益相关者的呼吁和压力，转变发展方式，"绿色发展"成为中国制造的迫切需求，然而，一方面，环境管理实践作为可持续发展的重要内容仍存在许多亟待解决的问题；另一方面，需从微观基础层面对企业的环境管理展开探讨和分析。

为此，本书确定了"管理者解释、调节聚焦与企业环境战略选择关系"的研究主题，以调节聚焦理论为基础，构建了管理者解释、管理者调节聚焦与企业环境战略选择关系的概念模型，采用调查问卷的方式对四川省、甘肃省、河北省等地企业进行了数据收集，通过 SPSS 20.0 统计分析软件对收集的 309 家企业数据进行了实证检验，回答了"不同类型的管理者自然环境问题解释是否能够对企业环境战略选择产生影响，产生怎样的影响？""不同类型的管理者自然环境问题解释通过何种途径对企业环境战略选择产生影响?""不同类型的管理者自然环境问题解释是否能够对管理者调节聚焦产生影响,将产生怎样的影响?""不同组织结构情境下,管理者调节聚焦与企业环境战略选择的关系有着怎样的变化?"等问题,得到一些有益的研究结论。

首先,通过文献梳理和实证分析发现,管理者解释、管理者调节聚焦是企业环境战略的重要影响因素。本书根据 Dutton 和 Jackson、Liu 等的研究,将管理者解释划分为机会解释和威胁解释两个独立的维度;根据 Higgins 等的研究,将管理者调节聚焦分为促进聚焦和防御聚焦;根据 Sharma 等的研究,将环境战略划分为前瞻型环境战略和反应型环境战略,并分别分析了变量各维度间的关系。当管理者将面临的自然环境问题解释为企业机会时,更可能采取前瞻型环境战略;当管理者将面临的自然环境问题解释为威胁时,更可能采取反应型环境战略。此外,管理者促进聚焦、管理者防御聚焦分别与企业的前瞻型环境战略、反应型环境战略存在显著的正向关系。

其次,Sharma、和苏超等学者虽对管理者解释与企业环境战略的直接关系进行了研究,但一方面,不同于其将管理者机会解释和威胁解释当作一个连续变量的两端,本书认为,面对复杂的自然环境时,管理者可能同时感知到积极和消极的情感,感知机会和威胁可能同时存在[①],因此,机会和威胁是独立的结构,是两个对立的极端,而非一个连续变量的两端;另一方面,以往学者对于管理者解释与企业环境战略选择的研究并没有探讨其作用机制,为此,本书进一步探讨了管理者解释与企业环境战略选择关系的作用机制,发现管理者促进聚焦在管理者机会解释与企业前瞻型环境战略关系中起到部分中介作用,管理者防御聚焦在管理者威胁解释与企业反应型环境战略关系中起到完全中介作用。

最后,验证了组织结构对管理者调节聚焦与企业环境战略选择关系的调节作用。研究发现,组织结构对管理者调节聚焦与企业环境战略选择关系存在显著的调节作用。具体而言,与机械式组织结构相比,在有

---

① Folkman, S., Lazarus, R. S., "If It Changes it Must Be a Process: Study of Emotion and Coping During Three Stages of a College Examination", *Journal of Personality & Social Psychology*, Vol. 48, No. 1, 1985, pp. 150 – 170.

机式组织结构中，管理者促进聚焦的程度越高，越可能采取前瞻型环境战略；与有机式组织结构相比，在机械式组织结构中，高防御聚焦的管理者更倾向于选择反应型环境战略。

第二节　理论贡献与政策建议

一　理论贡献

本书以企业环境战略选择为研究切入点，界定了环境战略的维度，即前瞻型环境战略和反应型环境战略，探讨了管理者对自然环境问题的解释对企业环境战略选择的影响及其作用机制，为进一步开展企业环境战略选择的研究奠定了基础，本书主要从以下四个方面对理论进行了拓展和深化。

第一，本书从调节聚焦理论这一新的视角对企业环境战略展开了研究。通过对文献的梳理和总结，以往学者主要从利益相关者理论、制度理论、资源基础观、自然资源基础观、高阶理论等某一理论或几个理论相结合的视角对企业环境战略展开研究，本书从调节聚焦理论的这一新的视角对环境战略的研究进行了扩展，为多角度、更全面地对环境战略进行研究提供了借鉴。

第二，扩展了调节聚焦理论在环境战略领域的应用。调节聚焦理论不仅在心理学领域得到广泛应用，而且扩展到营销、组织管理等领域，最近部分学者开始探讨调节聚焦理论在战略管理领域的适用情况，如Gamache 等分析了 CEO 调节聚焦与企业并购的关系、Tuncdogan 等探讨了领导调节聚焦与企业探索性、利用性活动的关系。本书则利用调节聚焦理论分析了管理者调节聚焦与企业环境战略选择的关系，扩充了调节聚焦理论与并购以外的其他战略结果变量的研究。

此外，在研究管理者调节聚焦与企业环境战略关系时，管理者的偏好与其策略选择能够很好地匹配，即促进聚焦的管理者与前瞻型环境战略相匹配，防御聚焦的管理者更可能与反应型环境战略匹配，进一步验证了调节匹配效应。

第三，尽管学者们对于管理者解释与企业环境战略的关系已经有了一定的研究，但一方面，Sharma、和苏超等学者将管理者解释作为一个连续变量的两端，而本书认为，管理者对自然环境问题进行判断时，感知到的机会和威胁可能同时发生，机会解释和威胁解释是两个独立的变量；另一方面，学者在探讨管理者解释与企业环境战略关系时，并没有对管理者解释通过何种途径对企业环境战略学者产生影响展开研究，本书不仅探讨了管理者解释与企业环境战略的直接关系，而且阐明了管理者调节聚焦在管理者解释与企业环境战略关系中的中介作用，丰富了关于环境战略的研究。

第四，组织结构是战略得以实施的重要条件，以往战略研究中，并没有将个体差异特征、组织情景特征以及企业的战略选择相结合。本书探讨了管理者解释、管理者调节聚焦及企业环境战略选择的关系，并将企业组织结构特征这一重要情景条件考虑在内，分析了不同组织结构的调节作用，扩展了关于企业环境战略选择的边界条件的研究，强调了合适的组织结构对于企业环境战略的重要作用。

二 政策建议

选择自愿、积极的前瞻型环境战略成为重污染企业应对环保压力、改善环境状况、实现绿色发展的重要途径之一。当前，我国环境污染程度不断加重，环境问题日益突出，而重污染企业是环境问题的主要制造者，其有责任亦有能力为保护环境贡献力量；将环境保护上升到企业战略高度，从战略视角保证企业绿色生产、清洁生产，形成企业自愿、积极的环境保护战略，有利于实现企业和谐、可持续的发展。本书通过文献分析和实证研究对重污染企业的环境战略选择、实施情况进行了有益探讨，得到了一些新颖的研究结论，为重污染企业选择合适的环境战略和管理者自然环境问题解释如何通过自身调节聚焦实现企业前瞻型环境战略提供了思路，对于政府推动前瞻型环境战略实施以及重污染企业实现积极的前瞻型环境战略具有重要启示。

(一) 制定和完善相关绿色法律法规

政府应当制定和完善相关绿色法律法规，为企业前瞻型环境战略的采用和实施提供法律保障。政府应根据企业绿色发展的实际情况，动态地制定和完善相关方面的法律法规，使企业在处理自然环境问题时能够有法可依，消除企业实施绿色创新和绿色发展的顾虑，促进企业选择自愿、积极的环境战略；更为重要的是，保证相关法律法规公开、公正的执行，提升环境标准，严厉惩罚自然环境破坏行为，彻底转变"低违法成本"的现实。此外，为环境保护优秀的公司提供更多的资源，给予资金、人力等方面的补贴①，实现企业的绿色管理、清洁发展。

（二）营造绿色氛围

一方面，企业应鼓励员工、股东等内部利益相关者积极参与到企业的绿色经营中，将绿色理念融入企业日常活动中，不断提升企业产品和服务的绿色水平，真正实现无污染、低消耗的绿色生产体系。另一方面，政府、媒体、非政府环保组织等外部利益相关者应鼓励和监督企业的环境保护行为，营造良好的环境保护氛围。营造绿色氛围需要内外部利益相关者共同努力：政府着重制定环境保护政策，为企业的环境保护措施提供支持，如《中国制造2025》确定了"绿色发展"的基本方针，要求到2025年，制造业绿色发展达到世界先进水平，绿色制造体系基本建立；媒体和非政府环保组织应加强企业环保行为的监督，加大对企业环境污染事件的曝光度；公众应积极参与企业的环境保护行为，公众环境参与或将成为环境治理的有效手段②，促进企业绿色环境行为的实现。邓少军等在研究高层管理者认知对情景型双元能力构建时，强调了营造特定组织氛围的重要性③。

（三）提升管理者对自然环境问题的机会解释

除了考虑法律法规、绿色氛围等影响因素，更应聚焦于企业内部的资源和能力。当管理者将自然环境问题视为企业发展的机会时，更容易采取前瞻型环境战略。个体认知（解释）的识别主要来自两个方面。一方面，外部利益相关者的要求或需求。政府制定严格的法律法规、公众对于环境问题的关注、非政府营利组织对于环境问题的监督等，这些外部利益相关者的压力可能导致企业采取反应型的环境战略和前瞻型环境

①　朱庆华、窦一杰：《基于政府补贴分析的绿色供应链管理博弈模型》，《管理科学学报》2011年第14卷第6期，第86—95页。

②　曾婧婧、胡锦绣：《中国公众环境参与的影响因子研究——基于中国省级面板数据的实证分析》，《中国人口·资源与环境》2015年第25卷第12期，第62—69页。

③　邓少军、芮明杰：《高层管理者认知与企业双元能力构建——基于浙江金信公司战略转型的案例研究》，《中国工业经济》2013年第11期，第135—147页。

战略，反应型环境战略仅仅对外部压力做出回应，而前瞻型环境战略聚焦于企业长远绿色发展。实施前瞻型环境战略能够帮助企业树立绿色形象，得到众多消费者的认可，帮助企业获得持续竞争优势，是企业实现绿色发展、可持续发展的必然选择。另一方面，认知来自企业管理者自身的环境素养。组织中更多的管理者认为应承担环境责任，呈现出较高的管理者环境承诺时，前瞻型环境战略能够得到有效推行①。管理者将环境保护和绿色发展视为企业的责任时，能够投入更多的资源，加大对企业生产和经营过程的清洁性、绿色性，更多的环境培训活动将得到开展，更多员工、股东等利益相关者参与到环境保护中，便于实现企业前瞻型环境战略的制定和实施。

（四）构建管理者对自身调节聚焦类型的识别能力，帮助企业选择合适的环境战略

本研究分析了管理者不同个体水平特征——管理者调节聚焦（促进聚焦、防御聚焦）对企业环境战略选择的影响，当管理者具备较强促进聚焦时，倾向于采取前瞻型环境战略，而当管理者具备较强防御聚焦时，倾向于采取反应型环境战略。具体而言，当管理者判断自身为促进聚焦类型时，能够承担风险，对积极结果更加敏感，更愿意投入更多的资源和能力，帮助企业选择积极的前瞻型环境战略；当管理者为防御聚焦时，对消极结果更加敏感，安全、保守成为其战略选择的重要方面，更可能实施反应型环境战略。

不同的管理者调节聚焦促使企业选择不同的环境战略类型，对于企业而言，选择何种调节聚焦类型的管理者将影响企业环境战略类型的选择。企业应根据自身发展的实际情况，选择不同调节聚焦类型的管理者，以便企业能够选择合适的环境战略类型；此外，应提升对于管理者调节聚焦类型的识别能力，帮助管理者准确判断自然环境问题趋势，抓住趋势的积极方面，避免不利影响，促使企业选择适合的环境战略。

（五）选择合适的组织结构

组织结构调节管理者调节聚焦与企业环境战略选择的关系，相对于

---

① Aragón-Correa, J. A., Matias-Reche, F., Senise-Barrio, M. E., "Managerial Discretion and Corporate Commitment to the Natural Environment", *Journal of Business Research*, Vol. 57, No. 9, 2004, pp. 964 – 975.

机械式组织结构而言，在有机式组织结构中，高促进聚焦的管理者更倾向于选择前瞻型环境战略；而高防御聚焦的管理者与企业反应型环境战略间的正向关系被削弱。在企业环境管理实践中，前瞻型环境战略的制定和实施更能够促进企业绿色生产，减少对于自然环境的破坏，更有利于实现企业竞争优势的获得和可持续发展，提示管理者在企业的环境管理过程中构建开放、畅通的有机式组织结构，在企业内外部实现保护自然环境的共识，尤其需要在企业内部形成保护自然环境、热爱自然环境的企业文化，并对自然环境提供的机会进行识别和判断，使组织结构与企业的环境战略选择相匹配，帮助企业形成自愿、积极的前瞻型环境战略。

三 研究局限与展望

尽管本书在严谨的逻辑思路和科学的研究方法基础上开展研究，但由于受到各种主观和客观条件的限制，在对管理者解释、管理者调节聚焦及企业环境战略选择关系的探讨中仍存在一些不足和局限，主要体现在以下几方面。

第一，研究设计方面。管理者对于自然环境问题的解释、管理者调节聚焦以及企业的环境战略是一个动态变化的过程，在不同时期、企业的不同生命周期阶段，管理者对于自然环境问题的解释、管理者调节聚焦类型以及企业的环境战略的类型是不同的。由于时间、精力的限制和研究数据的可得性等问题，本书采用了截面数据探讨管理者解释与企业环境战略选择的关系及其作用机制，一方面，难以反映企业环境战略选择的动态过程；另一方面，采用横截面数据进行研究，在说明变量之间因果关系时，不及纵向研究所得因果结论可靠。企业处于生命周期的不同阶段，面临的环境差异非常明显[1]，企业可能选取的战略亦存在差异，未来研究可考虑生命周期对于企业环境战略选择的影响；对于企业环境战略的研究亦可考虑从纵向设计的角度展开，通过引入时间序列，进一步探讨管理者解释与企业环境战略选择的因果关系。

---

① 刘刚、于晓东：《高管类型与企业战略选择的匹配——基于行业生命周期与企业能力生命周期协同的视角》，《中国工业经济》2015 年第 10 期，第 115—130 页。

　　第二，研究样本方面。一是本书样本数量相对较少。由于本书的研究对象为对自然环境有一定影响的重污染企业的高层管理者或环境事务负责人，虽然采用了现场收集、通过熟人推荐以及第三方机构等多种渠道对样本进行收集，但由于研究对象的特殊性以及作者时间、金钱和精力的限制，导致了样本量较小。二是调查区域的局限性。在样本的收集过程中，第三方机构在全国范围内开展，现场收集和熟人推荐等渠道使问卷的收集局限在四川省、甘肃省及河北省等少数几个地区，调查区域的局限性可能限制研究结论的普适性。未来的研究可以考虑从较大的地区或范围、在更多的行业内开展，扩大研究的样本量，以便更加准确地对企业环境战略选择进行探讨和研究。

　　第三，研究对象方面。在研究对象的选取上，本书采用"一对一"形式，即每个企业选取一位管理者（企业高层管理者或市场、环境事务负责人等），保证选取对象在企业的环境战略制定过程中有着核心作用。虽然在研究管理者认知、环境战略选择等问题时，Aragón-Correa、Sharma、和苏超等众多学者以管理者个人为样本点进行了数据的收集、分析工作，且 Staw、Narayanan 等认为当管理者拥有决定性、集中性权利时，高管团队水平认知和组织水平认知可能被纳入 CEO 认知内，但高管团队（Top Management Teams，TMT）的认知结构和认知过程与 CEO 等管理者的个人认知结构和认知过程存在差异，未来可考虑从高管团队层面展开研究，以更全面地考察认知（解释）与企业环境战略选择的关系。

　　此外，对于管理者解释与管理者个体调节聚焦的关系而言，不同学者存在差异的认知，如学者 Higgins、Seibt 等、Oyserman 等探讨了挑战、威胁对个体调节聚焦的影响，而学者 Sassenrath 等[①]分析了个体调节聚焦对挑战、威胁的影响，Tumasjan 等认为，创业者的调节聚焦对其创业机会识别存在显著影响[②]，对于两者关系需要学者从不同的角度展开进一步探讨；本研究仅仅对管理者机会解释、促进聚焦与前瞻型环境战略的关

　　① Sassenrath, C. , Sassenberg, K. , Scheepers, D. , "The Impact of Regulatory Focus on Challenge and Threat", *Swiss Journal of Psychology*, Vol. 75, No. 2, 2016, pp. 91 – 95.

　　② Tumasjan, A. , Braun, R. , "In the Eye of the Beholder: How Regulatory Focus and Self-efficacy Interact in Influencing Opportunity Recognition", *Journal of Business Venturing*, Vol. 27, No. 6, 2011, pp. 622 – 636.

系，以及管理者威胁解释、防御聚焦与反应型环境战略的关系进行了研究，而对于诸如管理者机会解释与防御聚焦、反应型环境战略等变量间的交叉作用并未进行研究，未来可考虑对各变量维度间的交叉作用展开进一步研究。

附　　录

调查问卷

尊敬的企业领导：

您好！非常感谢您在百忙之中阅读和填写这份问卷，我们正在开展有关企业环境战略选择方面的问卷调查，旨在考查管理者对环境问题解释与企业环境战略选择的关系，希望您能够协助我们完成这份问卷调查，您的帮助对于本人非常重要，感谢您付出的时间和精力。

问卷采用匿名填写方式，调查结果仅用于研究目的而绝不用于任何商业用途，并承诺对您提供的相关信息严格保密。问卷答案没有对错之分，只求真实有效，请您根据近三年企业发展的真实情况放心并客观填写。

若您对研究成果感兴趣，本研究完成后，我们将奉寄研究结论和相关建议以表谢忱。您的指导和帮助，将是本学术研究成功与否的关键，劳烦之处，还请您谅解。再次，感谢您的帮助和支持。

谢谢您的合作！

敬祝 身体健康，愿贵公司蓬勃发展！

贵公司的名称：＿＿＿＿＿＿＿＿＿＿＿＿

研究结论传递邮箱：＿＿＿＿＿＿＿＿＿＿＿＿

西南财经大学工商管理学院

在您开始填写问卷之前，请对以下两个问题进行作答：

Q1. 您是否能够就贵公司的市场和环境问题进行作答？ A. 是　B. 否

Q2. 您是否是相应事务的负责人？　　　　　　　　　　A. 是　B. 否

如果您对以上两个问题的答案是肯定的，请继续作答；如果不是，请将此问卷转交给其他了解贵公司市场和环境问题的管理人员作答，谢谢！

第一部分　企业基本情况

1. 您的职位是：

　　A. CEO/总经理　　B. 企业法人　　C. 董事长　　D. 研发部经理

　　E. 市场部经理　　F. 生产部经理　　G. 环境、健康和安全事务负责人

　　H. 其他

2. 您的性别：

　　A. 男　　　　　　B. 女

3. 您的受教育情况是：

　　A. 本科及以下　　B. 硕士　　　　C. MBA　　　D. EMBA

　　E. 博士及以上

4. 贵公司产权性质：

　　A. 国有及国有控股企业　　　　　B. 民营企业

　　C. 中外合资企业　　　　　　　　D. 外商独资企业

5. 贵公司目前主营业务所属行业为：

　　A. 采掘业　　　B. 食品、饮料　C. 纺织、服装、皮毛

　　D. 造纸、印刷　　E. 石油、化学、塑胶、塑料　F. 金属、非金属

　　G. 机械、设备、仪表　　　　H. 医药、生物制品

　　I. 电力、蒸汽及水的生产和供应业　J. 其他（请填写）＿＿＿＿＿＿

6. 贵公司成立了＿＿＿＿＿年：

　　A. 3 年以下　　　B. 4—8 年　　　C. 9—13 年　　D. 13 年以上

7. 贵公司近三年员工人数平均约为＿＿＿＿＿人

　　A. 100 人以下　　　　B. 101—300 人　　　　C. 301—500 人

　　D. 501—1000 人　　　E. 1001—3000 人　　　F. 3001 人以上

8. 贵公司近三年平均营业收入： 单位：人民币

    A. 500 万元以下   B. 500 万—3000 万元   C. 3000 万—1 亿元

    D. 1 亿—5 亿元   E. 5 亿—10 亿元   F. 10 亿元以上

第二部分 研究所需变量

请您根据公司环境问题解释情况，在对应空格处打钩"√"	非常小	比较小	一般	比较大	非常大
OP1 我将公司面临的整体自然环境描述为公司的机会					
OP2 对本公司发展而言，我认为所面临的自然环境是积极的					
OP3 我感知到自然环境状况对公司美好未来的促进					
OP4 我认为公司面临的自然环境是可控的					
ST5 我将公司面临的整体自然环境描述为公司的威胁					
ST6 对本公司发展而言，我认为所面临的自然环境是消极的					
ST7 我感知到自然环境对公司未来的不利影响					
ST8 我认为公司面临的自然环境是不可控的					
请您根据公司自然环境保护的动机，在对应空格处打钩"√"	非常不同意	不同意	不确定	同意	非常同意
PE1 我会注意避免公司自然环境保护中的负面事件					
PE2 我担心在公司自然环境保护中没能尽到责任和义务					
PO3 我常想象自然环境保护中如何实现自己的愿望和志向					
PE4 在自然环境保护中，我常常考虑以后不要成为什么样的人					
PO5 在自然环境保护中，我常常考虑以后很想成为什么样的人					

	非常不同意	不同意	不确定	同意	非常同意
PO6 我通常关注公司自然环境保护将来希望达到的成就					
PE7 我常常担心公司自然环境保护目标不能实现					
PO8 我常常在想公司自然环境保护怎样取得成功					
PE9 我常常想象公司自然环境保护中一些不好的事情					
PE10 我常常在想公司自然环境保护怎么才能避免失败					
PE11 与自然环境保护中收益相比,我更注意防止损失					
PO12 我的主要目标是实现公司自然环境保护的抱负					
PE13 我的主要目标是避免公司自然环境保护可能的失败					
PO14 我努力达到"理想的自我",如实现公司自然环境保护愿望、志向等					
PE15 我努力成为"我应该成为的人",如履行自然环境保护责任、义务等					
PO16 总的来说,在自然环境保护中我关注取得正面的结果					
PO17 我常常想象经历到一些自然环境保护方面好的事情					
PO18 总的来说,比起避免失败,我更关注自然环境保护取得的成功					
请根据所在企业组织结构情况,在对应的空格处打钩"√"	非常不同意	不同意	不确定	同意	非常同意
OS1 畅通的沟通渠道,重要的金融与操作信息在公司十分自由地传递					
OS2 管理者的操作方式可以任意从非常正式到非常不正式					

	非常不同意	不同意	不确定	同意	非常同意
OS3 在某一情况下更倾向专家决策，即使这意味着对直线管理人员的暂时忽略					
OS4 特别强调适应环境的变化而不过分考虑过去的做法					
OS5 特别强调把事情办成，即使这意味着无视正规程序					
OS6 控制是宽松、非正式的，强烈依赖对合作的非正式关系和标准以求办成事情					
OS7 倾向于根据环境和个人特性的需求来确定适当的工作行为					
请根据对企业环境战略的认识，在对应的空格处打钩"√"	非常不同意	不同意	不确定	同意	非常同意
RES1 公司存在回收废弃物的数据流方式					
RES2 公司对管理者进行环境培训					
RES3 公司对操作人员进行环境培训					
RES4 公司产品生产过程中使用过滤器和其他排放控制方式					
PES1 公司设置环境绩效目标作为年度业务计划的一部分					
PES2 公司管理评估中包括环境绩效测量情况					
PES3 公司计划并准备发布环境报告					
PES4 公司正在或已经形成认证的环境管理系统					
PES5 公司会测量商业环境绩效的关键部分					
PES6 公司会系统评估产品整个生命周期对自然环境的影响					
PES7 公司在清洁生产技术方面进行了投资					

问卷填写内容到此结束。再次感谢您的合作！谢谢。

参考文献

一 中文

陈晓萍、徐淑英、樊景立:《组织与管理研究的实证方法》,北京大学出版社 2008 年版。

黄旭:《战略管理:思维与要径》,机械工业出版社 2015 年版。

罗胜强、姜嬿:《管理学问卷调查研究方法》,重庆大学出版社 2014 年版。

马庆国:《管理统计:数据获取、统计原理、SPSS 工具与应用研究》,科学出版社 2002 年版。

吴明隆:《问卷统计分析实务——SPSS 操作与应用》,重庆大学出版社 2012 年版。

曹瑄玮、相里六续、刘鹏:《基于认知和行动观点的动态环境战略研究:前沿态势与未来展望》,《管理学家》2011 年第 6 期。

陈传明、孙俊华:《企业家人口背景特征与多元化战略选择——基于中国上市公司面板数据的实证研究》,《管理世界》2008 年第 5 期。

陈建勋、凌媛媛、王涛:《组织结构对技术创新影响作用的实证研究》,《管理评论》2011 年第 23 卷第 7 期。

程德俊:《试论学习战略、组织结构与人力资源管理系统的选择》,《外国经济与管理》2010 年第 32 卷第 5 期。

程巧莲、田也壮:《全球化经营对中国制造企业环境绩效的影响研究》,《中国人口·资源与环境》2012 年第 22 卷第 6 期。

迟楠、李垣、郭婧洲:《基于元分析的先动型环境战略与企业绩效关系的研究》,《管理工程学报》2016 年第 30 卷第 3 期。

戴璐、支晓强:《影响企业环境管理控制措施的因素研究》,《中国软科学》2015 年第 4 期。

戴鑫、周文容、曾一帆：《广告信息框架与信息目标对受众亲社会行为的影响研究》，《管理学报》2015 年第 12 卷第 6 期。

邓少军、芮明杰：《高层管理者认知与企业双元能力构建——基于浙江金信公司战略转型的案例研究》，《中国工业经济》2013 年第 11 期。

杜晓梦、赵占波、崔晓：《评论效价、新产品类型与调节定向对在线评论有用性的影响》，《心理学报》2015 年第 4 期。

段锦云、周冉、陆文娟、李晶、朱宜超：《不同反应线索条件下调节匹配对建议采纳的影响》，《心理学报》2013 年第 1 期。

奉小斌：《集群新创企业平行搜索对产品创新绩效的影响：管理者解释与竞争强度的联合调节效应》，《研究与发展管理》2016 年第 28 卷第 4 期。

缑倩雯、蔡宁：《制度复杂性与企业环境战略选择：基于制度逻辑视角的解读》，《经济社会体制比较》2015 年第 1 期。

郭霖、帕德瑞夏·弗莱明：《企业家信任水平、组织结构与企业成长——中国中小高科技企业的一个实证分析》，《厦门大学学报》（哲学社会科学版）2005 年第 1 期。

和苏超、黄旭、陈青：《管理者环境认知能够提升企业绩效吗？——前瞻型环境战略的中介作用与商业环境不确定性的调节作用》，《南开管理评论》2016 年第 19 卷第 6 期。

胡美琴、李元旭：《西方企业绿色管理研究述评及启示》，《管理评论》2007 年第 19 卷第 12 期。

胡美琴、骆守俭：《企业绿色管理战略选择——基于制度压力与战略反应的视角》，《工业技术经济》2008 年第 27 卷第 2 期。

贾兴平、刘益、廖勇海：《利益相关者压力、企业社会责任与企业价值》，《管理学报》2016 年第 13 卷第 2 期。

姜付秀、伊志宏、苏飞、黄磊：《管理者背景特征与企业过度投资行为》，《管理世界》2009 年第 1 期。

李锋、李永娟、任婧、王二平：《工业组织心理学中的社会称许性研究》，《心理科学进展》2004 年第 12 卷第 3 期。

李磊、尚玉钒：《基于调节焦点理论的领导对下属创造力影响机理研究》，

《南开管理评论》2011 年第 14 卷第 5 期。

李磊、尚玉钒、席酉民：《基于调节焦点理论的领导对下属影响机制研究》，《外国经济与管理》2010 年第 32 卷第 7 期。

李磊、尚玉钒、席酉民：《基于调节焦点理论的领导语言框架对下属创造力的影响研究》，《科研管理》2012 年第 33 卷第 1 期。

李忆、司有和：《组织结构、创新与企业绩效：环境的调节作用》，《管理工程学报》2009 年第 23 卷第 4 期。

李永波：《企业环境战略的形成机制：基于微观动力视角的分析框架》，《管理学报》2012 年第 9 卷第 8 期。

李云、李锡元：《上下级"关系"影响中层管理者职业成长的作用机理——组织结构与组织人际氛围的调节作用》，《管理评论》2015 年第 27 卷第 6 期。

刘刚、于晓东：《高管类型与企业战略选择的匹配——基于行业生命周期与企业能力生命周期协同的视角》，《中国工业经济》2015 年第 10 期。

刘群慧、胡蓓、刘二丽：《组织结构、创新气氛与时基绩效关系的实证研究》，《研究与发展管理》2009 年第 21 卷第 5 期。

刘鑫、薛有志：《CEO 继任、业绩偏离度和公司研发投入——基于战略变革方向的视角》，《南开管理评论》2015 年第 18 卷第 3 期。

罗珉：《组织设计：战略选择、组织结构和制度》，《当代经济管理》2008 年第 30 卷第 5 期。

潘楚林、田虹：《利益相关者压力、企业环境伦理与前瞻型环境战略》，《管理科学》2016 年第 29 卷第 3 期。

秦颖、武春友、孔令玉：《企业环境战略理论产生与发展的脉络研究》，《中国软科学》2004 年第 11 期。

尚航标、黄培伦：《管理认知与动态环境下企业竞争优势——万和集团案例研究》，《南开管理评论》2010 年第 13 卷第 3 期。

田虹、潘楚林：《前瞻型环境战略对企业绿色形象的影响研究》，《管理学报》2015 年第 12 卷第 7 期。

王俊豪、李云雁：《民营企业应对环境管制的战略导向与创新行为——基于浙江纺织行业调查的实证分析》，《中国工业经济》2009 年第 9 期。

王梦奎：《新阶段的可持续发展》，《管理世界》2007 年第 5 期。

卫旭华、刘咏梅、岳柳青:《高管团队权力不平等对企业创新强度的影响——有调节的中介效应》,《南开管理评论》2015 年第 18 卷第 3 期。

温素彬、方苑:《企业社会责任与财务绩效关系的实证研究——利益相关者视角的面板数据分析》,《中国工业经济》2008 年第 10 期。

温忠麟、叶宝娟:《有调节的中介模型检验方法:竞争还是替补?》,《心理学报》2014 年第 46 卷第 5 期。

温忠麟、张雷、侯杰泰:《有中介的调节变量和有调节的中介变量》,《心理学报》2006 年第 38 卷第 3 期。

吴绍棠、李燕萍:《企业的联盟网络多元性有利于合作创新吗——一个有调节的中介效应模型》,《南开管理评论》2014 年第 17 卷第 3 期。

肖淑芳、胡伟:《我国企业环境信息披露体系的建设》,《会计研究》2005 年第 3 期。

熊红星、张璟、叶宝娟、郑雪、孙配贞:《共同方法变异的影响及其统计控制途径的模型分析》,《心理科学进展》2012 年第 20 卷第 5 期。

薛求知、李茜:《企业绿色管理的动机和理论解释》,《上海管理科学》2013 年第 35 卷第 1 期。

薛求知、伊晟:《环境战略、经营战略与企业绩效——基于战略匹配视角的分析》,《经济与管理研究》2014 年第 10 期。

闫娜、罗东坤:《从壳牌公司的环境关注看企业环境战略的制约因素》,《企业经济》2009 年第 4 期。

杨东宁、周长辉:《企业自愿采用标准化环境管理体系的驱动力:理论框架及实证分析》,《管理世界》2005 年第 2 期。

杨德锋、杨建华:《环境战略、组织能力与竞争优势——通过积极的环境问题反应来塑造组织能力、创建竞争优势》,《财贸经济》2009 年第 9 期。

杨德锋、杨建华、楼润平、姚卿:《利益相关者、管理认知对企业环境保护战略选择的影响——基于我国上市公司的实证研究》,《管理评论》2012 年第 24 卷第 3 期。

杨德锋、杨建华:《企业环境战略研究前沿探析》,《外国经济与管理》2009 年第 31 卷第 9 期。

杨付、张丽华:《团队成员认知风格对创新行为的影响:团队心理安全感和工作单位结构的调节作用》,《南开管理评论》2012 年第 15 卷第 5 期。

杨静、刘秋华、施建军:《企业绿色创新战略的价值研究》,《科研管理》 2015 年第 36 卷第 1 期。

姚琦、乐国安:《动机理论的新发展:调节定向理论》,《心理科学进展》 2009 年第 17 卷第 6 期。

姚琦、乐国安、伍承聪、李燕飞、陈晨:《调节定向的测量维度及其问卷 的信度和效度检验》,《应用心理学》2008 年第 14 卷第 4 期。

叶宝娟、杨强、胡竹菁:《感恩对青少年学业成就的影响:有调节的中介 效应》,《心理发展与教育》2013 年第 29 卷第 2 期。

叶强生、武亚军:《转型经济中的企业环境战略动机:中国实证研究》, 《南开管理评论》2010 年第 13 卷第 3 期。

曾婧婧、胡锦绣:《中国公众环境参与的影响因子研究——基于中国省级 面板数据的实证分析》,《中国人口·资源与环境》2015 年第 25 卷第 12 期。

张钢、许庆瑞:《文化类型、组织结构与企业技术创新》,《科研管理》 1996 年第 17 卷第 5 期。

张光磊、廖建桥、周和荣:《组织结构、技术能力与自主创新方式——基 于中国科技型企业的实证研究》,《研究与发展管理》2010 年第 22 卷第 1 期。

张光磊、刘善仕、彭娟:《组织结构、知识吸收能力与研发团队创新绩 效:一个跨层次的检验》,《研究与发展管理》2012 年第 24 卷第 2 期。

张敏:《任务紧迫情境下情绪感染、组织结构与团队情绪的关系研究》, 《财贸研究》2014 年第 2 期。

张兆国、梁志钢、尹开国:《利益相关者视角下企业社会责任问题研究》, 《中国软科学》2012 年第 2 期。

朱庆华、窦一杰:《基于政府补贴分析的绿色供应链管理博弈模型》,《管 理科学学报》2011 年第 14 卷第 6 期。

朱晓武、阎妍:《组织结构维度研究理论与方法评介》,《外国经济与管 理》2008 年第 30 卷第 11 期。

杨东宁:《企业环境管理中的利益相关者参与及其对企业竞争优势的影

响——中国大中型工业企业的实证研究》,《北京论坛(2007):文明的和谐与共同繁荣》,2007年。

二 英文

Aguilera-Caracuel, J., Aragón-Correa, J. A., Hurtado-Torres, N. E., Rugman, A. M., "The Effects of Institutional Distance and Headquarters' Financial Performance on the Generation of Environmental Standards in Multinational Companies", *Journal of Business Ethics*, Vol. 105, No. 4, 2012, pp. 461 –474.

Aguilera-Caracuel, J., Hurtado-Torres, N. E., Aragón-Correa, J. A., Rugman, A. M., "Differentiated Effects of Formal and Informal Institutional Distance between Countries on the Environmental Performance of Multinational Enterprises", *Journal of Business Research*, Vol. 66, No. 12, 2013, pp. 2657 –2665.

Aguinis, H., "Statistical Power Problems with Moderated Multiple Regression in Management Research", *Journal of Management*, Vol. 21, No. 6, 1995, pp. 1141 –1158.

Aiken, L. S., West, S. G., *Multiple Regression: Testing and Interpreting Interactions*, Newbury Park, CA: Sage, 1991.

Allen, N. J., Meyer, J. P., "The Measurement and Antecedents of Affective, Continuance and Normative Commitment", *Journal of Occupational Psychology*, Vol. 63, No. 1, 1990, pp. 1 –18.

Ambrose, M. L., Schminke, M., "Organization Structure as a Moderator of the Relationship between Procedural Justice, Interactional Justice, Perceived Organizational Support, and Supervisory Trust", *Journal of Applied Psychology*, Vol. 88, No. 2, 2003, pp. 295 –305.

Ansoff, H. I., "Strategic Issue Management", *Strategic Management Journal*, Vol. 1, No. 2, 1980, pp. 131 –148.

Ansoff, H. I., *Strategic Management*, New York: Halsted Press, 1979.

Aragón-Correa, J. A., Matias-Reche. F., Senise-Barrio, M. E., "Managerial Discretion and Corporate Commitment to the Natural Environment", *Jour-*

nal of Business Research, Vol. 57, No. 9, 2004, pp. 964 – 975.

Aragón-Correa, J. A. , Sharma, S. , "Contingent Resource-based View of Proactive Corporate Environmental Strategy", *Academy of Management Review*, Vol. 28, No. 1, 2003, pp. 71 – 88.

Aragón-Correa, J. A. , "Strategic Proactivity and Firm Approach to the Natural Environment", *Academy of Management Journal*, Vol. 41, No. 5, 1998, pp. 556 – 567.

Aragón-Correa, J. A. , Hurtado-Torres, N. , Sharma, S. , Garcia-Morales, V. J. , "Environmental Strategy and Performance in Small Firms: A Resource-based Perspective", *Journal of Environmental Management*, Vol. 86, No. 1, 2008, pp. 88 – 103.

Arnold, H. J. , Feldman, D. C. , "Social Desirability Response Bias in Self-report Choice Situations", *Academy of Management Journal*, Vol. 24, No. 2, 1981, pp. 377 – 383.

Atuahene-Gima, K. , Yang, H. , "Market Orientation, Managerial Interpretation, and the Nature of Innovation Competence Development", *Academy of Management Annual Conference*, 2008.

Avnet, T. , Higgins, E. T. , "Erratum to Locomotion, Assessment, and Regulatory Fit: Value Transfer from 'How' to 'What'", *Journal of Experimental Social Psychology*, Vol. 39, 2003, pp. 525 – 530.

Ayduk, O. , May, D. , Downey, G. , Higgins, E. T. , "Tactical Differences in Coping with Rejection Sensitivity: The Role of Prevention Pride", *Personality and Social Psychology Bulletin*, Vol. 29, No. 4, 2003, pp. 435 – 448.

Baas, M. , De Dreu. C. K. , Nijstad, B. A. , "A Meta-analysis of 25 Years of Mood-creativity Research: Hedonic Tone, Activation, or Regulatory Focus?", *Psychological Bulletin*, Vol. 134, No. 6, 2008, pp. 779 – 806.

Banerjee, S. B. , Bonnefous, A-M. , "Stakeholder Management and Sustainability Strategies in the French Nuclear Industry", *Business Strategy and the Environment*, Vol. 20, No. 2, 2011, pp. 124 – 140.

Banerjee, S. B. , Iyer, E. S. , Kashyap, R. K. , "Corporate Environmentalism: Antecedents and Influence of Industry Type", *Journal of Marketing*,

Vol. 67, No. 2, 2003, pp. 106 – 122.

Banerjee, S. B. , "Managerial Perceptions of Corporate Environmentalism: Interpretations from Industry and Strategic Implications for Organizations", *Journal of Management Studies*, Vol. 38, No. 4, 2001, pp. 489 – 513.

Bansal, P. , Clelland, I. , "Talking Trash: Legitimacy, Impression Management, and Unsystematic Risk in the Context of the Natural Environment", *Academy of Management Journal*, Vol. 47, No. 1, 2004, pp. 93 – 103.

Bansal, P. , "Evolving Sustainably: A Longitudinal Study of Corporate Sustainable Development", *Strategic Management Journal*, Vol. 26, No. 3, 2005, pp. 197 – 218.

Barney, J. , "Firm Resources and Sustained Competitive Advantage", *Journal of Management*, Vol. 17, No. 1, 1991, pp. 99 – 120.

Barney, J. , Wright, M. , Ketchen, D. J. , "The Resource-based View of the Firm: Ten Years after 1991", *Journal of Management*, Vol. 27, No. 6, 2001, pp. 625 – 641.

Baron, R. M. , Kenny, D. , "The Moderator Mediator Variable Distinction in Social Psychological Research: Conceptual, Strategic, and Statistical Considerations", *Journal of Personality and Social Psychology*, Vol. 51, No. 6, 1986, pp. 1173 – 1182.

Baum, J. A. C. , Oliver, C. , "Institutional Embeddedness and the Dynamics of Organizational Populations", *American Sociological Review*, Vol. 57, No. 4, 1992, pp. 540 – 559.

Berrone, P. , Fosfuri, A. , Gelabert, L. , Gomez-Mejia, L. R. , "Necessity as the Mother of 'Green' Inventions Institutional Pressures and Environmental Innovations", *Strategic Management Journal*, Vol. 34, No. 8, 2013, pp. 891 – 909.

Berrone, P. , Gomez-Mejia, L. R. , "Environmental Performance and Executive Compensation: An Integrated Agency-institutional Perspective", *Academy of Management Journal*, Vol. 52, No. 1, 2009, pp. 103 – 126.

Bhatnagar, N. , Mckaynesbitt, J. , "Pro-environment Advertising Messages: The Role of Regulatory Focus", *International Journal of Advertising*, Vol. 35,

No. 1, 2016, pp. 4 – 22.

Blascovich, J., Tomaka, J., "The Biopsychosocial Model of Arousal Regulation", *Advances in Experimental Social Psychology*, Vol. 28, No. 3, 1996, pp. 1 – 51.

Borman, W. C., Motowidlo, S. J., "Expanding the Criterion Domain to Include Elements of Contextual Performance", In N. Schmitt & W. C. Borman (eds.), *Personnel selection in organizations*, San Francisco, CA: Jossey-Bass, 1993, pp. 71 – 98.

Branzei, O., Ursacki-Bryant, T. J., Vertinsky, I., Zhang, W., "The Formation of Green Strategies in Chinese Firms: Matching Corporate Environmental Responses and Individual Principles", *Strategic Management Journal*, Vol. 25, No. 11, 2004, pp. 1075 – 1095.

Bridoux, F., Stoelhorst, J. W., "Microfoundations for Stakeholder Theory: Managing Stakeholders with Heterogeneous Motives", *Strategic Management Journal*, Vol. 35, No. 1, 2014, pp. 107 – 125.

Brockner, J., Higgins, E. T., Low, M. B., "Regulatory Focus Theory and the Entrepreneurial Process", *Journal of Business Venturing*, Vol. 19, No. 2, 2004, pp. 203 – 220.

Brockner, J., Higgins, E. T., "Regulatory Focus Theory Implications for the Study of Emotions at Work", *Organizational Behavior and Human Decision Processes*, Vol. 86, No. 1, 2001, pp. 35 – 66.

Brío, J. Á. D., Fernández, E., Junquera, B., Vázquez, C. J., "Environmental Managers and Departments as Driving Forces of TQEM in Spanish Industrial Companies", *International Journal of Quality & Reliability Management*, Vol. 18, No. 5, 2001, pp. 495 – 511.

Burns, T., Stalker, G. M., *The Management of Innovation*, London: Tavistock, 1961.

Buysse, K., Verbeke, A., "Proactive Environmental Strategies: A Stakeholder Management Perspective", *Strategic Management Journal*, Vol. 24, No. 5, 2003, pp. 453 – 470.

Camacho, C. J., Higgins, E. T., Luger, L., "Moral Value Transfer from Regulatory Fit: What Feels Right is Right and What Feels Wrong is Wrong", *Journal of Personality & Social Psychology*, Vol. 84, No. 3, 2003, pp. 498 – 510.

Carpenter, M. A., Geletkanycz, M. A., Sanders, W. G., "Upper Echelons Research Revisited: Antecedents, Elements, and Consequences of Top Management Team Composition", *Journal of Management*, Vol. 30, No. 6, 2004, pp. 749 – 778.

Cesario, J., Higgins, E. T., Scholer, A. A., "Regulatory Fit and Persuasion: Basic Principles and Remaining Questions", *Social & Personality Psychology Compass*, Vol. 2, No. 1, 2007, pp. 444 – 463.

Chandler, A. D., *Strategy and Structure: Chapters in the History of the American Industrial Enterprise*, Cambridge, Massachusetts: MIT Press, 1962.

Chan, R. Y. K., "Does the Natural-resource-based View of the Firm Apply in an Emerging Economy? A Survey of Foreign Invested Enterprises in China", *Journal of Management Studies*, Vol. 42, No. 3, 2005, pp. 625 – 672.

Charwham, J., "Corporate Governance: Lessons from Abroad", *European Business Journal*, Vol. 22, No. 4, 1992, pp. 8 – 16.

Chattopadhyay, P., Glick, W. H., Huber, G. P., "Organizational Actions in Response to Threats and Opportunities", *Academy of Management Journal*, Vol. 44, No. 5, 2001, pp. 937 – 955.

Cho, T. S., "Environmental Scanning Behavior of the Top Managers: A Regulatory Focus Model", *Seoul Journal of Business*, Vol. 17, No. 2, 2011, pp. 151 – 166.

Christmann, P., "Effects of 'Best Practices' of Environmental Management on Cost Advantage: The Role of Complementary Assets", *Academy of Management Journal*, Vol. 43, No. 4, 2000, pp. 663 – 680.

Christmann, P., Taylor, G., "Globalization and the Environment: Determinants of Firm Self-regulation in China", *Journal of International Business Studies*, Vol. 32, No. 3, 2001, pp. 439 – 458.

Claver-Cortés, E., Pertusa-Ortega, E. M., Molina-Azorín, J. F., "Characteristics of Organizational Structure Relating to Hybrid Competitive Strategy: Implications for Performance", *Journal of Business Research*, Vol. 65, No. 7,

2012, pp. 993 – 1002.

Clemens, B., Bakstran, L., "A Framework of Theoretical Lenses and Strategic Purposes to Describe Relationships Among Firm Environmental Strategy, Financial Performance and Environmental Performance", *Management Research Review*, Vol. 33, No. 4, 2010, pp. 393 – 405.

Clemens, B., Douglas, T. J., "Does Coercion Drive Firms to Adopt 'Voluntary' Green Initiatives? Relationships among Coercion, Superior Firm Resources, and Voluntary Green Initiatives", *Journal of Business Research*, Vol. 59, No. 4, 2005, pp. 483 – 491.

Cordano, M., Marshall, R. S., Silverman, M., "How Do Small and Medium Enterprises Go 'Green'? A Study of Environmental Management Programs in the U. S. Wine Industry", *Journal of Business Ethics*, Vol. 92, No. 3, 2010, pp. 463 – 478.

Costa, P. T., McCrae, R. R., "Normal Personality Assessment in Clinical Practice: The NEO Personality Inventory", *Psychological Assessment*, Vol. 4, No. 1, 1992, pp. 5 – 13.

Crowe, E., Higgins, E. T., "Regulatory Focus and Strategic Inclinations: Promotion and Prevention in Decision Making", *Organizational Behavior and Human Decision Processes*, Vol. 69, No. 2, 1997, pp. 117 – 132.

Cruz-González, J., López-Sáez, P., Navas-López, J. E., "Open Search Strategies and Firm Performance: The Different Moderating Role of Technological Environmental Dynamism", *Technovation*, Vol. 35, No. 1, 2015, pp. 32 – 45.

Daft, R. L., Lengel, R. H., "Organizational Information Requirements, Media Richness and Structural Design", *Management Science*, Vol. 32, No. 5, 1986, pp. 554 – 571.

Daft, R. L., Weick, K. E., "Toward a Model of Organizations as Interpretation Systems", *Academy of Management Review*, Vol. 9, No. 2, 1984, pp. 23 – 31.

Darnall, N., Henriques, I., Sadorsky, P., "Adopting Proactive Environmental Strategy: The Influence of Stakeholders and Firm Size", *Journal of Man-*

agement Studies, Vol. 47, No. 6, 2010, pp. 1072 – 1094.

Das, T. K., Kumar, R., "Regulatory Focus and Opportunism in the Alliance Development Process", *Journal of Management*, Vol. 37, No. 3, 2011, pp. 682 – 708.

De, C. D., Mayer, D. M., Van, D. M., Schouten, B. C., Bardes, M., "When Does Self-sacrificial Leadership Motivate Prosocial Behavior? It Depends on Followers' Prevention Focus", *Journal of Applied Psychology*, Vol. 94, No. 4, 2009, pp. 887 – 899.

Delmas, M. A., Pekovic, S., "Environmental Standards and Labor Productivity: Understanding the Mechanisms That Sustain Sustainability", *Journal of Organizational Behavior*, Vol. 34, No. 2, 2013, pp. 230 – 252.

Delmas, M., Toffel, M. W., "Stakeholders and Environmental Management Practices: An Institutional Framework", *Business Strategy and the Environment*, Vol. 13, No. 4, 2004, pp. 209 – 222.

Denison, D. R., Dutton, J. E., Kahn, J. A., Hart, S. L., "Organizational Context and the Interpretation of Strategic Issues: A Note on CEOs' Interpretations of Foreign Investment", *Journal of Management Studies*, Vol. 33, No. 4, 1996, pp. 453 – 474.

DiMaggio, P. J., Powell, W. W., "The Iron Cage Revisited: Institutional Isomorphism and Collective Rationality in Organizational Fields", *American Sociological Review*, Vol. 48, No. 2, 1983, pp. 147 – 160.

Donaldson, L., "The Normal Science of Structural Contingency Theory", In S. R. Clegg, C. Hardy, & W. R. Nord (eds.), *Handbook of Organizational Studies*, Thousand Oaks, CA: Sage, 1996, pp. 57 – 76.

Dutton, J. E., Fahey, L., Narayanan, V. K., "Toward Understanding Strategic Issue Diagnosis", *Strategic Management Journal*, Vol. 4, No. 4, 1983, pp. 307 – 323.

Dutton, J. E., Jackson, S. E., "Categorizing Strategic Issues: Links to Organizational Action", *Academy of Management Review*, Vol. 12, No. 1, 1987, pp. 76 – 90.

Elliot, A. J., "The Hierarchical Model of Approach-avoidance Motivation",

Motivation and Emotion, Vol. 30, No. 2, 2006, pp. 111 – 116.

Elliot, A. J., Thrash, T. M., "Approach and Avoidance Temperament as Basic Dimensions of Personality", *Journal of Personality*, Vol. 78, No. 3, 2010, pp. 865 – 906.

Elliot, A. J., Thrash, T. M., "Approach-avoidance Motivation in Personality: Approach and Avoidance Temperaments and Goals", *Journal of Personality and Social Psychology*, Vol. 82, No. 5, 2002, pp. 804 – 818.

Faddegon, K., Ellemers, N., Scheepers, D., "Eager to be the Best, or Vigilant Not to be the Worst: The Emergence of Regulatory Focus in Disjunctive and Conjunctive Group Tasks", *Group Processes & Intergroup Relations*, Vol. 12, No. 5, 2009, pp. 653 – 671.

Faddegon, K., Scheepers, D., Ellemers, N., "If We Have the Will, There Will be a Way: Regulatory Focus As a Group Identity", *European Journal of Social Psychology*, Vol. 38, No. 5, 2008, pp. 880 – 895.

Fiedler, M., Welpe, I., "How Do Organizations Remember? The Influence of Organizational Structure on Organizational Memory", *Organizational Studies*, Vol. 31, No. 4, 2010, pp. 381 – 407.

Fifka, M. S., Berg, N., "Managing Corporate Social Responsibility for the Sake of Business and Society", *Corporate Social Responsibility and Environmental Management*, Vol. 21, No. 5, 2014, pp. 253 – 257.

Folkman, S., Lazarus, R. S., "If It Changes It Must Be a Process: Study of Emotion and Coping During Three Stages of a College Examination", *Journal of Personality & Social Psychology*, Vol. 48, No. 1, 1985, pp. 150 – 170.

Freeman, R. E., *Strategic Management: A Stakeholder Approach*, Pitman: Boston, MA, 1984.

French, W. L., Bell, C. H., *Organizational Development: Behavioral Science Interventions for Organization Improvement*, third ed. Prentice-Hall, Englewood Cliffs, NJ, 1984.

Friedman, R. S., Förster, J., "The Effects of Promotion and Prevention Cues on Creativity", *Journal of Personality & Social Psychology*, Vol. 81, No. 6, 2001, pp. 1001 – 1013.

Frooman, J., "Stakeholder Influence Strategies", *Academy of Management Review*, *Vol.* 24, No. 2, 1999, pp. 191 – 205.

Förster, J., Higgins, E. T., Bianco, A. T., "Speed/accuracy Decisions in Task Performance: Built-in Trade-off or Separate Strategic Concerns?", *Organizational Behavior & Human Decision Processes*, Vol. 90, No. 1, 2003, pp. 148 – 164.

Gamache, D. L., Mcnamara, G., Mannora, M. J., Johnson, R. E., "Motivated to Acquire? The Impact of CEO Regulatory Focus on Firm Acquisitions", *Academy of Management Journal*, Vol. 58, No. 4, 2015, pp. 1261 – 1282.

Gavetti, G., "Cognition and Hierarchy: Rethinking the Microfoundations of Capabilities' Development", *Organization Science*, Vol. 16, No. 6, 2005, pp. 599 – 617.

George, E., Chattopadhyay, P., Sitkin, S. B., Barden, J., "Cognitive Underpinnings of Institutional Persistence and Change: A Framing Perspective", *Academy of Management Review*, Vol. 31, No. 2, 2006, pp. 347 – 365.

Gilbert, C. G., "Change in the Presence of Residual Fit: Can Competing Frames Coexist?", *Organization Science*, Vol. 17, No. 1, 2006, pp. 150 – 167.

Gilbert, C. G., "Unbundling the Structure of Inertia: Resource Versus Routine Rigidity", *Academy of Management Journal*, Vol. 48, No. 5, 2005, pp. 741 – 763.

Ginsberg, A., Venkatraman, N., "Investing in New Information Technology: The Role of Competitive Posture and Issue Diagnosis", *Strategic Management Journal*, Vol. 13, No. S1, 1992, pp. 37 – 53.

Gorman, C. A., Meriac, J. P., Overstreet, B. L., Apodaca, S., McIntyre, A. L., Park, P., Godbey, J. N., "A Meta-analysis of the Regulatory Focus Nomological Network: Work-related Antecedents and Consequences", *Journal of Vocational Behavior*, Vol. 80, No. 1, 2012, pp. 160 – 172.

Grant, H., Higgins, E. T., "Optimism, Promotion Pride, and Prevention Pride as Predictors of Quality of Life", *Personality and Social Psychology Bulletin*, Vol. 29, No. 12, 2003, pp. 1521 – 1532.

Greiner, L. E., "Evolution and Revolution as Organization Grow", *Harvard*

Business Review, Vol. 50, No. 7/8, 1972, pp. 37 – 46.

Grimm, L. R., Markman, A. B., Maddox, W. T., Baldwin, G. C., "Stereotype Threat Reinterpreted as a Regulatory Mismatch", *Journal of Personality & Social Psychology*, Vol. 96, No. 2, 2009, pp. 288 – 304.

Grossman, G. M., Krueger, A. B., "Environmental Impacts of a North American Free Trade Agreement", *Social Science Electronic Publishing*, Vol. 8, No. 2, 1992, pp. 223 – 250.

Hahn, T., Preuss, L., Pinkse, J., Figge, F., "Cognitive Frames in Corporate Sustainability: Managerial Sensemaking with Paradoxical and Business Case Frames", *Academy of Management Review*, Vol. 39, No. 4, 2014, pp. 463 – 487.

Hambrick, D. C., Mason, P. A., "Upper Echelons: The Organization As a Reflection of Its Top Managers", *Academy of Management Review*, Vol. 9, No. 2, 1984, pp. 193 – 206.

Hart, S. L., "A Natural-resource-based View of the Firm", *Academy of Management Review*, Vol. 20, No. 4, 1995, pp. 986 – 1014.

Hart, S. L., Dowell, G., "A Natural-resource-based View of the Firm: Fifteen Years After", *Journal of Management*, Vol. 37, No. 5, 2011, pp. 1464 – 1479.

Haveman, H. A., "Follow the Leader: Mimetic Isomorphism and Entry into New Markets", *Administrative Science Quarterly*, Vol. 38, No. 4, 1993, pp. 593 – 627.

Haws, K. L., Dholakia, U. M., Bearden, W. O., "An Assessment of Chronic Regulatory Focus Measures", *Journal of Marketing Research*, Vol. 47, No. 5, 2010, pp. 967 – 982.

Hayes, A. F., *An Introduction to Mediation, Moderation, and Conditional Process Analysis: A Regression-based Approach*, New York: Guilford Press, 2013.

Henriques, I., Sadorsky, P., "The Relationship between Environmental Commitment and Managerial Perceptions of Stakeholder Importance", *Academy of Management Journal*, Vol. 42, No. 1, 1999, pp. 87 – 99.

Higgins, E. T. , "Beyond Pleasure and Pain", *American Psychologist*, Vol. 52, No. 12, 1997, pp. 1280 – 1300.

Higgins, E. T. , Friedman, R. S. , Harlow, R. E. , Idson, L. C. , Ayduk, O. N. , Taylor, A. , "Achievement Orientations from Subjective Histories of Success: Promotion Pride Versus Prevention Pride", *European Journal of Social Psychology*, Vol. 31, No. 1, 2001, pp. 3 – 23.

Higgins, E. T. , "Promotion and Prevention: Regulatory Focus As a Motivational Principle", *Advances in Experimental Social Psychology*, Vol. 30, No. 2, 1998, pp. 1 – 46.

Higgins, E. T. , "Self-discrepancy: A Theory Relating Self and Affect", *Psychological Review*, Vol. 94, No. 3, 1987, pp. 319 – 340.

Higgins, E. T. , Shah, J. , Friedman, R. , "Emotional Responses to Goal Attainment: Strength of Regulatory Focus as Moderator", *Journal of Personality and Social Psychology*, Vol. 72, No. 3, 1997, pp. 515 – 525.

Higgins, E. T. , Spiegel, S. , "Promotion and Prevention Strategies for Self-regulation: A Motivated Cognition Perspective", In R. Baumeister and K. Vohs (eds.), *Handbook of Self-regulation*, 2004, pp. 171 – 187.

Hoffman, A. J. , "Institutional Evolution and Change: Environmentalism and the U. S. Chemical Industry", *Academy of Management Journal*, Vol. 42, No. 4, 1999, pp. 351 – 371.

Hoffman, A. J. , "Linking Organizational and Field-level Analyses", *Organization & Environment*, Vol. 14, No. 2, 2001, pp. 133 – 156.

Hoyle, R. H. , "Personality and Self-regulation", In R. H. Hoyle (ed.), *Handbook of Personality and Self-regulation*, Malden, MA: Blackwell, 2010, pp. 1 – 18.

Huang, C. L. , Kung, F. H. , "Drivers of Environmental Disclosure and Stakeholder Expectation: Evidence from Taiwan", *Journal of Business Ethics*, Vol. 96, No. 3, 2010, pp. 435 – 451.

Idson, L. C. , Liberman, N. , Higgins, E. T, "Distinguishing Gains from Nonlosses and Losses from Nongains: A Regulatory Focus Perspective on Hedonic Intensity", *Journal of Experimental Social Psychology*, Vol. 36, No. 3,

2000, pp. 252 – 274.

Jackson, S. E. , Dutton, J. E. , "Discerning Threats and Opportunities", *Administrative Science Quarterly*, Vol. 33, No. 3, 1988, pp. 370 – 387.

Jacobs, D. C. , Getz, K. A. , "Dialogue on the Stakeholder Theory of the Corporation: Concepts, Evidence, and Implications", *Academy of Management Review*, Vol. 20, No. 4, 1995, pp. 793 – 795.

Jingjiang Liu. , Lu, Chen. , Kittilaksanawong, W. , "External Knowledge Search Strategies in China's Technology Ventures: The Role of Managerial Interpretations and Ties", *Management and Organization Review*, Vol. 9, No. 3, 2013, pp. 437 – 463.

Johnson, P. D. , Shull, A. , Wallace, J. C. , "Regulatory Focus as a Mediator in Goal Orientation and Performance Relationships", *Journal of Organizational Behavior*, Vol. 32, No. 5, 2011, pp. 751 – 766.

Johnson, R. E. , Chang, C-H. , Yang, L. , "Commitment and Motivation at Work: The Relevance of Employee Identity and Regulatory Focus", *Academy of Management Review*, Vol. 35, No. 2, 2010, pp. 226 – 245.

Joireman, J. , Shaffer, M. J. , Balliet, D. , Strathman, A. , "Promotion Orientation Explains Why Future-oriented People Exercise and Eat Healthy: Evidence from the Two-factor Consideration of Future Consequences – 14 Scale", *Personality and Social Psychology Bulletin*, Vol. 38, No. 10, 2012, pp. 1272 – 1287.

Jones, G. R. , *Organizational Theory*, Reading Massachusetts: Addison Wesley, 1995.

Judge, T. A. , Bono, J. E. , "Relationship of Core Self-evaluations Traits-self-esteem, Generalized Self-efficacy, Locus of Control, and Emotional Stability—with Job Satisfaction and Job Performance: A Meta-analysis", *Journal of Applied Psychology*, Vol. 86, No. 1, 2001, pp. 80 – 92.

Judge, W. Q. , Douglas, T. J. , "Performance Implications of Incorporating Natural Environmental Issues into the Strategic Planning Process: An Empirical Assessment", *Journal of Management Studies*, Vol. 35, No. 2, 1998, pp. 241 – 262.

Julian, S. D., Ofori-Dankwa, J. C., Justis, R. T., "Understanding Strategic Responses to Interest Group Pressures", *Strategic Management Journal*, Vol. 29, No. 9, 2008, pp. 963 – 984.

Kacmar, K. M., Tucker, R., "The Moderating Effect of Supervisor's Behavioral Integrity on the Relationship between Regulatory Focus and Impression Management", *Journal of Business Ethics*, Vol. 135, No. 1, 2016, pp. 87 – 98.

Kark, R., Dijk, D. V., "Motivation to Lead, Motivation to Follow: The Role of the Self-regulatory Focus in Leadership Processes", *Academy of Management Review*, Vol. 32, No. 2, 2007, pp. 500 – 528.

Kassinis, G., Vafeas, N., "Stakeholder Pressures and Environmental Performance", *Academy of Management Journal*, Vol. 49, No. 1, 2006, pp. 145 – 159.

Katsikea, E., Theodosiou, M., Perdikis, N., Kehagias, J., "The Effects of Organizational Structure and Job Characteristics on Export Sales Managers' Job Satisfaction and Organizational Commitment", *Journal of World Business*, Vol. 46, No. 2, 2011, pp. 221 – 233.

Khanna, M., Anton, W. R. Q., "Corporate Environmental Management: Regulatory and Market-based Incentives", *Land Economics*, Vol. 78, No. 4, 2002, pp. 539 – 558.

Lam, W. H., Chiu, C. Y., "The Motivational Function of Regulatory Focus in Creativity", *Journal of Creative Behavior*, Vol. 36, No. 2, 2002, pp. 138 – 150.

Lanaj, K., Chang, C-H., Johnson, R. E., "Regulatory Focus and Work-related Outcomes: A Review and Meta-analysis", *Psychological Bulletin*, Vol. 138, No. 5, 2012, pp. 998 – 1034.

Lang, J. R., Calantone, R. J., Gudmundson, D., "Small Firm Information Seeking as a Response to Environmental Threats and Opportunities", *Journal of Small Business Management*, Vol. 35, No. 1, 1997, pp. 11 – 23.

Lawrence, T. B., Hardy, C., Phillips, N., "Institutional Effects of Interorganizational Collaboration: The Emergence of Proto-institutions", *Academy of Management Journal*, Vol. 45, No. 1, 2002, pp. 281 – 290.

Lazarus, R. S. , "Progress on a Cognitive-motivational-relational Theory of E-motion", *American Psychologist*, Vol. 46, No. 8, 1991, pp. 819 – 834.

Lee, A. Y. , Aaker, J. L. , "Bringing the Frame into Focus: The Influence of Regulatory Fit on Processing Fluency and Persuasion", *Journal of Personality & Social Psychology*, Vol. 86, No. 2, 2004, pp. 205 – 218.

Lee, C. L. , Yang, H. J. , "Organization Structure, Competition and Perform-ance Measurement Systems and Their Joint Effects on Performance", *Man-agement Accounting Research*, Vol. 22, No. 2, 2011, pp. 84 – 104.

Leone, L. , Perugini, M. , Bagozzi, R. , "Emotions and Decision Making: Reg-ulatory Focus Moderates the Influence of Anticipated Emotions on Action Eval-uations", *Cognition and Emotion*, Vol. 19, No. 8, 2005, pp. 1175 – 1198.

Levine, J. M. , Higgins, E. T. , Choi, H. S. , "Development of Strategic Norms in Groups", *Organizational Behavior and Human Decision Processes*, Vol. 82, No. 1, 2000, pp. 88 – 101.

Lewis, B. W. , Walls, J. L. , Dowell, G. W. S. , "Difference in Degrees: CEO Characteristics and Firm Environmental Disclosure", *Strategic Manage-ment Journal*, Vol. 35, No. 5, 2013, pp. 712 – 722.

Liberman, N. , Idson, L. C. , Camacho, C. J. , Higgins, E. T. , "Promotion and Prevention Choices between Stability and Change", *Journal of Personali-ty & Social Psychology*, Vol. 77, No. 6, 1999, pp. 1135 – 1145.

Li, Chang. , Wenjing, Li. , Xiaoyan, Lu. , "Government Engagement, Envi-ronmental Policy, and Environmental Performance: Evidence from the Most Polluting Chinese Listed Firms", *Business Strategy and the Environment*, Vol. 24, No. 1, 2015, pp. 1 – 19.

Li, L. , Li, G. , Shang, Y. , Xi, Y. , "When Does Perceived Leader Regula-tory-focused Modeling Lead to Subordinate Creativity? The Moderating Role of Job Complexity", *International Journal of Human Resource Management*, Vol. 26, No. 22, 2015, pp. 1 – 16.

Lin, L. H. , "Organizational Structure and Acculturation in Acquisitions: Per-spectives of Congruence Theory and Task Interdependence", *Journal of Man-agement*, Vol. 40, No. 7, 2014, pp. 1831 – 1856.

Liu, X. , Liu, B. , Shishime, T. , Yu, Q. , Bi, J. , Fujitsuka, T. , "An Empirical Study on the Driving Mechanism of Proactive Corporate Environmental Management in China", *Journal of Environmental Management*, Vol. 91, No. 8, 2010, pp. 1707 – 1717.

Liu, Y. , Guo, J. , Chi, N. , "The Antecedents and Performance Consequences of Proactive Environmental Strategy: A Meta-analytic Review of National Contingency", *Management and Organization Review*, Vol. 11, No. 3, 2015, pp. 521 – 557.

Lockwood, P. , Jordan, C. H. , Kunda, Z. , "Motivation by Positive or Negative Role Models: Regulatory Focus Determines Who Will Best Inspire Us", *Journal of Personality & Social Psychology*, Vol. 83, No. 4, 2002, pp. 854 – 864.

Marcel, J. J. , Barr, P. S. , Duhaime, I. M. , "The Influence of Executive Cognition on Competitive Dynamics", *Strategic Management Journal*, Vol. 32, No. 2, 2011, pp. 115 – 138.

Markovits, Y. , Ullrich, J. , Dick, R. V. , Davis, A. J. , "Regulatory Foci and Organizational Commitment", *Journal of Vocational Behavior*, Vol. 73, No. 3, 2008, pp. 485 – 489.

Martins, L. L. , Kambil, A. , *Learning from Experience: Managerial Interpretations of Past and Future Information Technologies*, Social Science Electronic Publishing, 1999, pp. 1 – 37.

Martins, L. L. , Kambil, A. , "Looking Back and Thinking Ahead: Effects of Prior Success on Managers' Interpretations of New Information Technologies", *Academy of Management Journal*, Vol. 42, No. 6, 1999, pp. 652 – 661.

McCrae, R. R. , Löckenhoff, C. E. , "Self-regulation and the Five-factor Model of Personality Traits", In R. H. Hoyle (ed.), *Handbook of Personality and Self-regulation* , Malden, MA: Blackwell, 2010, pp. 145 – 168.

Menguc, B. , Auh, S. , "Development and Return on Execution of Product Innovation Capabilities: The Role of Organizational Structure", *Industrial Marketing Management*, Vol. 39, No. 5, 2010, pp. 820 – 831.

Menguc, B. , Auh, S. , Ozanne, L. , "The Interactive Effect of Internal and External Factors on a Proactive Environmental Strategy and Its Influence on a

Firm's Performance", *Journal of Business Ethics*, Vol. 94, No. 2, 2010, pp. 279 – 298.

Menguc, B., Ozanne, L. K., "Challenges of the 'Green Imperative': A Natural Resource-based Approach to the Environmental Orientation-business Performance Relationship", *Journal of Business Research*, Vol. 58, No. 4, 2005, pp. 430 – 438.

Mervis, C. B., Rosch, E., "Categorization of Natural Objects", *Annual Review of Psychology*, Vol. 32, No. 10, 1981, pp. 89 – 115.

Meyer, J. P., Allen, N. J., *Commitment in the Workplace: Theory, Research, and Application*, Thousand Oaks, CA: Sage, 1997.

Meyer, J. P., Becker, T. E., Vandenberghe, C., "Employee Commitment and Motivation: A Conceptual Analysis and Integrative Model", *Journal of Applied Psychology*, Vol. 89, No. 6, 2004, pp. 991 – 1007.

Miller, D., Friesen, P., *Organizations: A Quantum View*, Englewood Cliffs, NJ: Prentice Hall, 1984.

Miller, D., "Relating Porter's Business Strategies to Environment and Structure: Analysis and Performance Implications", *Academy of Management Journal*, Vol. 31, No. 2, 1988, pp. 280 – 308.

Murillo-Luna, J. L., Garcés-Ayerbe, C., Rivera-Torres, P., "Barriers to the Adoption of Proactive Environmental Strategies", *Journal of Cleaner Production*, Vol. 19, No. 13, 2011, pp. 1417 – 1425.

Narayanan, V. K., Zane, L. J., Kemmerer, B., "The Cognitive Perspective in Strategy: An Integrative Review", *Journal of Management*, Vol. 37, No. 1, 2011, pp. 305 – 351.

Neubert, M. J., Kacmar, K. M., Carlson, D. S., Chonko, L. B., Roberts, J. A., "Regulatory Focus as a Mediator of the Influence of Initiating Structure and Servant Leadership on Employee Behavior", *Journal of Applied Psychology*, Vol. 93, No. 6, 2008, pp. 1220 – 1233.

North, D. C., *Institutions, Institutional Change and Economic Performance*, New York, NY: Cambridge University Press, 1990.

Ocasio, W., "The Enactment of Economic Diversity: A Reconciliation of Theories of Failure Included Change and Threat-rigidity", In L. L. Cummings & B. M. Staw (eds.), *Research in Organizational Behavior*, 1995, 17, Greenwich, CT: JAI Press, pp. 287 – 331.

Oldenburg, K. U. , "Preventing Pollution is No End-of-pipe Dream: The Way to Turn the Environmental Spending Curve Down is to Generate Less of What is Regulated", *Across the Board*, Vol. 24, No. 6, 1987, pp. 11 – 15.

Organ, D. W. , *Organizational Citizenship Behavior: The Good Soldier Syndrome*, Lexington, MA: Lexington Books, 1988.

Ouschan, L. , Boldero, J. M. , Kashima, Y. , Wakimoto, R. , Kashima, E. S. , "Regulatory Focus Strategies Scale: A Measure of Individual Differences in the Endorsement of Regulatory Strategies", *Asian Journal of Social Psychology*, Vol. 10, No. 4, 2007, pp. 243 – 257.

Oyserman, D. , Uskul, K. , Yoder, N. , Nesse, R. M. , Williams, D. R. , "Unfair Treatment and Self-regulatory Focus", *Journal of Experimental Social Psychology*, Vol. 43, No. 3, 2007, pp. 505 – 512.

Ozer, M. , Zhang, W. , "The Effects of Geographic and Network Ties on Exploitative and Exploratory Product Innovation", *Strategic Management Journal*, Vol. 36, No. 7, 2014, pp. 1105 – 1114.

Paulhus, D. L. , "Social Desirable Responding: The Evolution of a Construct", In Braun H. , Wiley D. E. , Jackson D. N. (eds.), *Personality and Intellect, Validity and Values: Cross-cutting Themes*, New York: Guilford, 1999.

Penrose, E. , *The Theory of the Growth of the Firm*, New York: Wiley, 1959.

Pham, M. T. , Chang, H. H. , "Regulatory Focus, Regulatory Fit, and the Search and Consideration of Choice Alternatives", *Journal of Consumer Research*, Vol. 37, No. 4, 2010, pp. 626 – 640.

Podsakoff, P. M. , Organ, D. , "Self-reports in Organizational Research: Problems and Prospects", *Journal of Management*, Vol. 12, No. 4, 1986, pp. 531 – 543.

Porter, M. E. , "America's Green Strategy", *Scientific American*, Vol. 264, No. 4, 1991, pp. 168 – 170.

Porter, M. E. , *Competitive Strategy*, New York: Free Press, 1980.

Portney, P. R. , Stavins, R. N. , *Public Policies for Environmental Protection*, Washington, D. C. : Resources for the Future, 1990.

Pugh, D. S. , Hickson, D. J. , Hinings, C. R. , Turner, C. , "Dimensions of Organization Structure", *Administrative Science Quarterly*, Vol. 13, No. 13, 1968, pp. 65 – 105.

Ramaprasad, A. , Mitroff, I. I. , "On Formulating Strategic Problems", *Academy of Management Review*, Vol. 9, No. 4, 1984, pp. 597 – 605.

Rhee, E. Y. , Fiss, P. C. , "Framing Controversial Actions: Regulatory Focus, Source Credibility, and Stock Market Reaction to Poison Pill Adoption", *Academy of Management Journal*, Vol. 57, No. 6, 2014, pp. 1734 – 1758.

Roome, N. , "Linking Quality and the Environment", *Business Strategy and the Environment*, No. 1, 1992, pp. 11 – 24.

Rosch, E. , "Cognitive Reference Points", *Cognitive Psychology*, No. 7, 1975, pp. 532 – 547.

Rosch, E. , Mervis, C. , "Family Resemblances: Studies in the Internal Structure of Categories", *Cognitive Psychology*, No. 7, 1975, pp. 573 – 605.

Rotundo, M. , Sackett, P. R. , "The Relative Importance of Task, Citizenship, and Counter Productive Performance to Global Ratings of Job Performance: A Policy-Capturing Approach", *Journal of Applied Psychology*, Vol. 87, No. 1, 2002, pp. 66 – 80.

Roxas, B. , Coetzer, A. , "Institutional Environment, Managerial Attitudes and Environmental Sustainability Orientation of Small Firms", *Journal of Business Ethics*, Vol. 111, No. 4, 2012, pp. 461 – 476.

Royer, I. Zarloeski, P. , "Research Design", In R. A. Thietart, *Doing Management Research: A Comprehensive Guide*, London: Sage Publications, 2001.

Rueda-Manzanares, A. , Aragón-Correa, J. A. , Sharma, S. , "The Influence of Stakeholders on the Environmental Strategy of Service Firms: The Moderating Effects of Complexity, Uncertainty and Munificence", *British Journal of Management*, Vol. 19, No. 2, 2008, pp. 185 – 203.

Russo, V. , Fouts, P. A. , "A Resource-based Perspective on Corporate Environmental Performance and Profitability", *Academy of Management Journal*, Vol. 40, No. 3, 1997, pp. 534 – 559.

Rutherfoord, R., Blackburn, R. A., Spence, L. J., "Environmental Management and the Small Firm: An International Comparison", *International Journal of Entrepreneurial Behaviour and Research*, Vol. 6, No. 6, 2000, pp. 310 – 325.

Sarkis, J., Gonzalez-Torre, P., Adenso-Diaz, B., "Stakeholder Pressure and the Adoption of Environmental Practices: The Mediating Effect of Training", *Journal of Operations Management*, Vol. 28, No. 2, 2010, pp. 163 – 176.

Sassenrath, C., Sassenberg, K., Scheepers, D., "The Impact of Regulatory Focus on Challenge and Threat", *Swiss Journal of Psychology*, Vol. 75, No. 2, 2016, pp. 91 – 95.

Schminke, M., Ambrose, M. L., Cropanzano, R. S., "The Effect of Organizational Structure on Perceptions of Procedural Fairness", *Journal of Applied Psychology*, Vol. 85, No. 2, 2000, pp. 294 – 304.

Schminke, M., Cropanzano, R., Rupp, D. E., "Organization Structure and Fairness Perceptions: The Moderating Effects of Organizational Level", *Organizational Behavior & Human Decision Processes*, Vol. 89, No. 1, 2002, pp. 881 – 905.

Scholer, A. A., Higgins, E. T., "Distinguishing Levels of Approach and Avoidance: An Analysis Using Regulatory Focus Theory", In A. J. Elliot (ed.), *Handbook of Approach and Avoidance Motivation*, New York, NY: Psychology Press, 2008, pp. 489 – 503.

Schot, J., Fischer, K., "Introduction: The Greening of Industrial Firm", *Environmental Strategies for Industry*, Washington, D. C., 1993, pp. 3 – 33.

Scott, W. R., "The Adolescence of Institutional Theory", *Administrative Science Quarterly*, Vol. 32, No. 4, 1987, pp. 493 – 511.

Seibt, B., Förster, J., "Stereotype Threat and Performance: How Self-stereotypes Influence Processing by Inducing Regulatory Foci", *Journal of Personality & Social Psychology*, Vol. 87, No. 1, 2004, pp. 38 – 56.

Sharma, S., Aragón-Correa, J. A., Rueda, A., "The Contingent Influence of Organizational Capabilities on Environmental Strategy in North American and European ski resorts", *Proceedings of the International Association for Business and Society*, Vol. 24, No. 4, 2007, pp. 268 – 283.

Sharma, S., Henriques, I., "Stakeholder Influences on Sustainability Practices in the Canadian Forest Products Industry", *Strategic Management Journal*, Vol. 26, No. 2, 2005, pp. 159 – 180.

Sharma, S., "Managerial Interpretations and Organizational Context as Predictors of Corporate Choice of Environmental Strategy", *Academy of Management Journal*, Vol. 43, No. 4, 2000, pp. 681 – 697.

Sharma, S., Nguan, O., "The Biotechnology Industry and Strategies of Biodiversity Conservation: The Influence of Managerial Interpretations and Risk Propensity", *Business Strategy and the Environment*, Vol. 8, No. 1, 1999, pp. 46 – 61.

Sharma, S., Pablo, A. L., Vredenburg, H., "Corporate Environmental Responsiveness Strategies: The Importance of Issue Interpretation and Organizational Context", *Journal of Applied Behavioral Science*, Vol. 35, No. 1, 1999, pp. 87 – 108.

Sharma, S., Vredenburg, H., "Proactive Corporate Environmental Strategy and the Development of Competitively Valuable Organizational Capabilities", *Strategic Management Journal*, Vol. 19, No. 8, 1998, pp. 729 – 753.

Shin, Y., Kim, M., Choi, J. N., Lee, S-H., "Does Team Culture Matter? Roles of Team Culture and Collective Regulatory Focus in Team Task and Creative Performance", *Group & Organization Management*, Vol. 3, No. 5, 2015, pp. 1 – 34.

Sims, H. P., Gioia, D. A., *The Thinking Organization*, Computer Science Press, 1981.

Skivington, J. E., Daft, R. L., "A Study of Organizational Framework and Process Modalities for the Implementation of Business-level Strategic Decisions", *Journal of Management Studies*, Vol. 28, No. 1, 1991, pp. 45 – 68.

Smith, C. A., Lazarus, R. S., "Appraisal Components, Core Relational Themes and the Emotions", *Cognition and Emotion*, Vol. 7, No. 3 – 4,

1993, pp. 233 – 269.

Spector, P. E. , Fox, S. , "An Emotion-centered Model of Voluntary Work Behavior: Some Parallels Between Counterproductive Work Behavior and Organizational Citizenship Behavior", *Human Resource Management Review*, Vol. 12, No. 2, 2002, pp. 269 – 292.

Spell, C. S. , Arnold, T. J. , "A Multilevel Analysis of Organizational Justice Climate, Structure, and Employee Mental Health", *Journal of Management*, Vol. 33, No. 5, 2007, pp. 724 – 751.

Stam, D. A. , Van, K. D. , Wisse, B. , "The Role of Regulatory Fit in Visionary Leadership", *Journal of Organizational Behavior*, Vol. 31, No. 4, 2010, pp. 499 – 518.

Stam, D. , Knippenberg, D. V. , Wisse, B. , "Focusing on Followers: The Role of Regulatory Focus and Possible Selves in Visionary Leadership", *Leadership Quarterly*, Vol. 21, No. 3, 2010, pp. 457 – 468.

Starik, M. , Marcus, A. A. , "Introduction to the Special Research Forum on the Management of Organizations in the Natural Environment: A Field Emerging from Multiple Paths, with Many Challenges Ahead", *Academy of Management Journal*, Vol. 43, No. 4, 2000, pp. 539 – 546.

Staw, B. M. , "Dressing Up Like an Organization: When Psychological Theories Can Explain Organizational Action", *Journal of Management*, Vol. 17, No. 4, 1991, pp. 805 – 819.

Staw, B. , Sandelands, L. E. , Dutton, J. E. , "Threat Rigidity Effects in Organizational Behavior: A Multilevel Analysis", *Administrative Science Quarterly*, Vol. 26, No. 4, 1981, pp. 501 – 524.

Sullivan, H. W. , Worth, K. A. , Baldwin, A. S. , Rothman, A. J. , "The Effect of Approach and Avoidance Referents on Academic Outcomes: A Test of Competing Predictions", *Motivation and Emotion*, Vol. 30, No. 2, 2006, pp. 157 – 164.

Summerville, A. , Roese, N. J. , "Self-report Measures of Individual Differences in Regulatory Focus: A Cautionary Note", *Journal of Research in Personality*, Vol. 42, No. 1, 2008, pp. 247 – 254.

Sung, B. , Hwang, K. , "Firms' Intentions to Use Genetically Modified Organisms Industrially: The Influence of Sociopolitical-economic Forces and Managerial Interpretations in the Korean Context", *Technological Forecasting & Social Change*, Vol. 80, No. 7, 2013, pp. 1387 – 1394.

Taing, M. U. , Granger, B. P. , Groff, K. W. , Jackson, E. M. , Johnson, R. E. , "The Multidimensional Nature of Continuance Commitment: Commitment Owing to Economic Exchanges Versus Employment Alternatives", *Journal of Business and Psychology*, Vol. 26, No. 3, 2011, pp. 269 – 284.

Tegarden, D. P. , Sheetz, S. D. , "Group Cognitive Mapping: A Methodology and System for Capturing and Evaluating Managerial and Organizational Cognition", *Omega*, Vol. 31, No. 2, 2003, pp. 113 – 125.

Teo, T. , "Considering Common Method Variance in Educational Technology Research", *British Journal of Educational Technology*, Vol. 42, No. 5, 2011, pp. 94 – 96.

Thomas, J. B. , Glark, S. M. , Gioia, D. A. , "Strategic Sensemaking and Organizational Performance: Linkages among Scanning, Interpretation, Action, and Outcomes", *Academy of Management Journal*, Vol. 36, No. 2, 1993, pp. 239 – 270.

Thomas, J. B. , McDaniel, R. R. , "Interpreting Strategic Issues: Effects of Strategy and the Information-processing Structure of Sop Management Teams", *Academy of Management Journal*, Vol. 33, No. 2, 1990, pp. 286 – 306.

Tseng, H-C. , Kang, L-M. , "How Does Regulatory Focus Affect Uncertainty Towards Organizational Change?", *Leadership & Organization Development Journal*, Vol. 29, No. 8, 2008, pp. 713 – 731.

Tumasjan, A. , Braun, R. , "In the Eye of the Beholder: How Regulatory Focus and Self-efficacy Interact in Influencing Opportunity Recognition", *Journal of Business Venturing*, Vol. 27, No. 6, 2011, pp. 622 – 636.

Tuncdogan, A. , Bosch, F. V. D. , Volberda, H. , "Regulatory Focus as a Psychological Micro-foundation of Leaders' Exploration and Exploitation Activities", *Leadership Quarterly*, Vol. 26, No. 5, 2015, pp. 838 – 850.

Waarts, E. , Wierenga, B. , "Explaining Competitors' Reactions to New Product Introductions: The Roles of Event Characteristics, Managerial Interpretation, and Competitive Context", *Marketing Letters*, Vol. 11, No. 1, 2000, pp. 67 – 79.

Wallace, J. C., Chen, G., "A Multilevel Integration of Personality, Climate, Self-regulation, and Performance", *Personnel Psychology*, Vol. 59, No. 3, 2006, pp. 529 – 557.

Wallace, J. C., Johnson, P. D., Frazier, M. L., "An Examination of the Factorial, Construct, and Predictive Validity and Utility of the Regulatory Focus at Work Scale", *Journal of Organizational Behavior*, Vol. 30, No. 6, 2009, pp. 805 – 831.

Wallace, J. C., Little, L. M., Hill, A. D., Ridge, J. W., "CEO Regulatory Foci, Environmental Dynamism, and Small Firm Performance", *Journal of Small Business Management*, Vol. 48, No. 4, 2010, pp. 580 – 604.

Walls, J. L., Berrone, P., Phan, P. H., "Corporate Governance and Environmental Performance: Is There Really a Link?", *Strategic Management Journal*, Vol. 33, No. 8, 2012, pp. 885 – 913.

Walsh, J. P., "Managerial and Organizational Cognition: Notes from a Trip Down Memory Lane", *Organization Science*, Vol. 6, No. 3, 1995, pp. 280 – 321.

Weick, K. E., *Sensemaking in Organizations*, Thousand Oaks, GA: Sage, 1995.

Weick, K. E., *The Social Psychology of Organizing*, Reading, Mass: Addision-Wesley, 1979.

Wernerfelt, B., "A Resource-based View of the Firm", *Strategic Management Journal*, Vol. 5, No. 1, 1984, pp. 171 – 180.

White, J. C., Varadarajan, P. R., Dacin, P. A., "Market Situation Interpretation and Response: The Role of Cognitive Style, Organizational Culture, and Information Use", *Journal of Marketing*, Vol. 67, No. 3, 2003, pp. 63 – 79.

Wowak, A. J., Hambrick, D. C., "A Model of Person-pay Interaction: How Executives Vary in Their Responses to Compensation Arrangements", *Strategic Management Journal*, Vol. 31, No. 8, 2010, pp. 803 – 821.

Wu, J. , "Differentiated Customer Pressures and Environmental Policies in China", *Business Strategy and the Environment*, Vol. 24, No. 3, 2015, pp. 175 – 189.

Wu, T. , Jim, Wu Y-C. , Chen, Y. J. , Goh, M. , "Aligning Supply Chain Strategy with Corporate Environmental Strategy: A Contingency Approach", *International Journal of Production Economics*, Vol. 147, No. 1, 2014, pp. 220 – 229.

Yi, Liu. , Jingzhou, Guo. , Nan, Chi. , "The Antecedents and Performance Consequences of Proactive Environmental Strategy: A Meta-analytic Review of National Contingency", *Management and Organization Review*, Vol. 11, No. 3, 2015, pp. 1 – 37.

Zaal, M. P. , Van, L. C. , Ståhl, T. N. , Ellemers, B. Derks, "Social Change as an Important Goal or Likely Outcome: How Regulatory Focus Affects Commitment to Collective Action", *British Journal of Social Psychology*, Vol. 51, No. 1, 2012, pp. 93 – 110.

Zheng, W. , Yang, B. , Mclean, G. N. , "Linking Organizational Culture, Structure, Strategy, and Organizational Effectiveness: Mediating Role of Knowledge Management", *Journal of Business Research*, Vol. 63, No. 7, 2010, pp. 763 – 771.

后　记

　　时光飞逝，岁月如梭，转眼间在西北师范大学工作已五年，了解并熟知西北师范大学的花草树木，感恩深深在内心扎下了根。知晓木铎钟声，感恩西北师范大学前辈终生的付出；知晓现有的努力，感恩吾辈不懈的奋斗；知晓未来的辉煌，感恩后来人的继往开来。

　　此时，正值春暖花开，万物生机勃勃，欣欣向荣。伴随风声与鸟鸣，本书出版之路历历在目：源于博士论文，高于博士论文，本书是在本人博士毕业论文及后续相关文章的基础上进行的更为深入的研究。研究领域的专注，研究时间的持续，研究内容的创新，不断推动自己进步，使我在学习中不断成长和进步。

　　出版过程中，非常感谢西北师范大学商学院院长张永丽教授，您手把手指导，严谨的研究态度、亦师亦友的风格，使我获益颇丰，我将继续您的道路，让知识和力量深植、广播；感谢西北师范大学商学院党委书记马科中同志为本书出版提供的机会，教会了我知识、做人，成长的种子正在慢慢发芽；感谢西北师范大学商学院的同事，在商学院的大家庭，倍感温馨；感谢中国社会科学出版社的编辑老师们，认真、细致、有温度的付出，让本书质量更上一层楼。

　　感谢我的研究生学生，魏雅婷、刘俊廷、李金凤、赵婉怡、高文文、张兆天，你们的加入让我更好地将教与学、传与授相结合，让我在指导过程中反思自己、提升自我；感谢我的本科生胡思远、马妍妍、张茹雪在书稿校对、修改中给予的帮助，能够让我有更多精力协调教学与科研。

　　更要感谢疫情中默默无闻的"白衣天使"、坚守疫情第一线的工作人员和志愿者，你们艰辛的劳作与付出，让我们有更安全的工作、生活环境。你们辛苦了，愿一切都好起来。

　　熏着微风，散着花香，家乡仿佛这一刻就在眼前，泪水忍不住要夺出眼眶，"为什么我的眼里常含泪水，因为我对这土地爱得深沉"。"儿行千里母担忧"，远在家乡的父母，亦是我最大的牵挂，头发一天天花白，脊背一天天弯曲，父母的健康时刻牵动异乡儿子的心，儿子唯有坚守"教书育人"的初心与使命，唯有坚持执着的追求，唯有坚固向阳而生的坚韧，唯有⋯⋯

　　窗前杏花已遍布枝头，待到秋来定是硕果累累；年复一年，花蕊送来芳香，绿色奉上春意，果实满足口感，雪压枝头不着泥；日复一日，西师不断努力，不懈奋斗，持续发展。唯一不变的"知术欲圆，行旨须直"，刻在心间，践行日常。

和苏超
2022 年 4 月于西北师范大学